蓝鹦鹉格鲁比科普故事

改变世界的科技

〔瑞士〕丹尼尔·穆勒 绘 〔瑞士〕休伯特·巴赫勒 著

陈轶荣 译

中国水利水电出版社
www.waterpub.com.cn
·北京·

内 容 提 要

　　本书是《蓝鹦鹉格鲁比科普故事》中的一本，是一本介绍对人类社会有较大影响的科学技术的少儿科普读物。通过格鲁比和他的两个朋友对科技世界的探索和发现，引领小读者学习并了解许多科学方面的知识。例如计算机的工作原理及构造；全世界最长的铁路隧道是如何建造的；仿生学在日常生活中的应用有哪些；医学方面的新技术以及智能住宅的奇妙之处等。本书内容丰富，又兼顾趣味性，图画清新，故事富有感染力，非常适应中国孩子的阅读需求，同时也有利于拓展孩子的课外知识，培养孩子的思考探索能力。

图书在版编目（CIP）数据

改变世界的科技 /（瑞士）休伯特·巴赫勒著 ；
（瑞士）丹尼尔·穆勒绘 ；陈轶荣译. -- 北京 ：中国水
利水电出版社，2022.3
　　（蓝鹦鹉格鲁比科普故事）
　　ISBN 978-7-5226-0466-4

Ⅰ. ①改… Ⅱ. ①休… ②丹… ③陈… Ⅲ. ①科学技
术－创造发明－世界－少儿读物 Ⅳ. ①N091-49

中国版本图书馆CIP数据核字(2022)第024599号

Technik mit Globi
Illustrator: Daniel Müller /Author: Hubert Bächler

Globi Verlag, Imprint Orell Füssli Verlag,
www.globi.ch
© 2007, Orell Füssli AG, Zürich

北京市版权局著作权合同登记号：图字 01-2021-7212

书　　　名	蓝鹦鹉格鲁比科普故事——改变世界的科技 LAN YINGWU GELUBI KEPU GUSHI —GAIBIAN SHIJIE DE KEJI
作　　　者	〔瑞士〕休伯特·巴赫勒 著　　陈轶荣 译
绘　　　者	〔瑞士〕丹尼尔·穆勒 绘
出版发行	中国水利水电出版社 （北京市海淀区玉渊潭南路1号D座　100038） 网址：www.waterpub.com.cn E-mail：sales@waterpub.com.cn 电话：（010）68367658（营销中心）
经　　　售	北京科水图书销售中心（零售） 电话：（010）88383994、63202643、68545874 全国各地新华书店和相关出版物销售网点
排　　　版	北京水利万物传媒有限公司
印　　　刷	天津图文方嘉印刷有限公司
规　　　格	180mm×260mm　16开本　6印张　96千字
版　　　次	2022年3月第1版　2022年3月第1次印刷
定　　　价	58.00元

前言

科技知识是不可或缺的一部分。科技对社会、经济、环境的影响与日俱增。现代人对科技的依赖程度日渐加深，却从未对那些科技设备的工作原理产生好奇心。但在科技不断发展、新鲜事物不断涌现的今天，这恰恰是一个非常值得探索的话题。

于是，好奇的蓝鹦鹉格鲁比和朋友们一起踏上了探索的旅程，去了解各种科技设备的前世今生。他不断向自己和专家提一个问题："这是什么原理？"在探索的过程中，他遇到了许多意想不到的新兴科技，对它们产生了浓厚的兴趣。

旅途中，格鲁比了解到：自然是科技的灵感源泉，科技是医学进步的动力。他认识到自动化技术、计算机乃至互联网的本质，明白了人造地球卫星的工作原理。全新的知识源源不断地进入格鲁比的视野，他渐渐认识到，看似毫不相关的学科和专业常常可以联合起来解决许多难题。他想，科学家和工程师是多么有趣的职业啊，可以创造影响现在与未来的科技产品。

当然，想要理解科技的话题并不容易，但别担心，可爱耐心的格鲁比会带上风趣幽默的插画故事，带领小读者们走进科技的世界。除此之外，本书还准备了许多专业但不艰深的短文，建议大朋友们陪伴阅读，与孩子们一起探索科技世界的未知与奥妙！

"工程师塑造未来"协会
董事会成员
汉斯尤格·梅 教授

目 录

引言

利维娅和乌利是幸福的书虫。他们从书架上找到了好多科技类图书，读得津津有味。世上有趣的事物真是无穷无尽！"你知道吗，汽车只有120年的历史哦！全球第一辆汽车是德国人卡尔·本茨先生制造的，他是奔驰汽车之父。"利维娅迫不及待地说。乌利马上接过话茬儿："还有，以前的计算机有学校的体育馆这么大，但是，它的功能连现在的计算器都不如！"

科技的历史令人振奋，而它的今天也一样精彩。在各个科技领域，无数工程师和技术员不断推陈出新，我们只需睁开眼睛，竖起耳朵，就会发现许多有意思的发明。大到交通，小到计算机，创新无处不在，有些可以简化工作，有些可以丰富闲暇。在这本书里，利维娅和乌利会跟着他们的朋友——蓝鹦鹉格鲁比，和大家一起探索这个迷人的世界。

温柔的
发明

科技里程碑

在很久以前，人类就已经开始制作工具，帮助自己更好地完成工作。在史前时代，人类用石头打磨出箭头和刀具，用于狩猎。公元前 4000 年左右，人类发明了车轮，这是科技发展的一座里程碑，是造车的前提。约公元前 1700 年以后，人类进入青铜器时代和铁器时代，制造了第一批金属工具。

1450 年前后，德国人约翰内斯·古腾堡发明了西方铅活字印刷术，虽比中国毕昇发明泥活字印刷术晚了大约 400 年，但同样加快了知识传播的速度。而在这之前，欧洲大陆上的知识传播只能依靠手抄本。但手抄本往往数量极少，非常珍贵，只有少数在修道院和图书馆里修习的学者才能接触到。

1780 年后，詹姆斯·瓦特改良的新型蒸汽机大量投入使用，为最早的工厂提供能源。随后，蒸汽机车问世，一种重要的交通工具就此诞生。

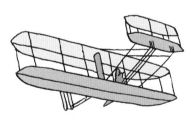

19 世纪到 20 世纪初，涌现了许多当代生活不可或缺的发明：1876 年，美国人亚历山大·贝尔申请了电话的专利——几小时后，以利沙·格雷带着同样的发明来到专利局，可惜为时已晚；1880 年，托马斯·爱迪生获得白炽灯的专利权；1876 年，尼古拉斯·奥托发明了四冲程循环内燃机，这是汽油发动机的前身；1886 年，卡尔·本茨在德国制造了第一辆配备这种内燃机的汽车；1903 年，莱特兄弟在美国完成了人类史上首次动力飞行。

春季大扫除
——神通广大的仿生学

　　利维娅和乌利想要带格鲁比去小河边郊游，但格鲁比没有时间，因为春天来了，又到了大扫除的时候！他说："水仙花和郁金香都开了，我们又可以坐在院子里，舒舒服服地吃烤肉咯！前提是，今天得大扫除、打理花园！我快要把地毯清理完了，割草机今天也没闲着。接下来，我得搬出花园里的各种家具了，桌子、椅子、烤肉架什么的。"这些家具在地下室里放了一冬天，已经落满灰尘，早该清理了。利维娅问道："天哪，格鲁比，你有这么多活儿！需要我们帮忙吗？"格鲁比回答："你们愿意帮忙的话，就太好了！"话音未落，伙伴三人便热火朝天地打扫起来。

乌利说："你要是买了那种新型家具就好了，带仙人掌功能的那种，它们可以自我清洁，不用我们打扫！"格鲁比笑着说："你说的仙人掌功能，我还是第一次听说。你是不是想说莲花效应？这是许多植物都有的一种特性，工程师模仿这种特性，开发了一系列新型材料。"

莲花

莲花效应

　　莲花效应，根据莲花"出淤泥而不染"的特性得名。不过，其他的植物也具有这种特性。格鲁比拿出一枝郁金香，向大家解释什么是莲花效应：

　　"你们看，我滴几滴水在郁金香的花瓣上，小水滴就会像珍珠一样滑落。透过显微镜可以发现，花瓣的表面并不光滑，毛茸茸的。所以，水不会在花瓣的表面渗开，而是会变成一颗颗小水珠，滚落到地上，顺便带走花瓣上的脏东西和灰尘。"

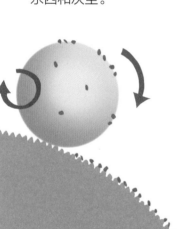

什么是仿生学

　　研究自然界中动植物的结构和功能，并将其应用于科技发明，这样的学科被称作仿生学。在莲花效应的实际应用中，纳米技术非常重要。纳米技术的关注对象是非常微小的结构。

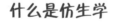

这时，利维娅说："好棒！但是你们看我的牛仔裤，为什么莲花效应在上面不起作用呢？我的牛仔裤也不光滑呀，可是，甜品滴到上面以后就会一直在那，脏脏的。"格鲁比回答："你需要借助显微镜，才能看清牛仔裤的材料结构。你会发现，水和脏东西会在裤子上扩散渗入，而不会滑落下来。"

显微镜下的世界

人类在很久以前就已经注意到，有些植物不会沾到水和污垢。但是，直到纳米级显微镜出现以后，人们才认识到这背后的原因。纳米有多小呢？这么说吧：一百万纳米才只有一毫米。在工业领域，也可以看到莲花效应的身影。比如，配有疏水涂层的建筑外墙、窗户玻璃和屋顶瓦片，只需雨水冲洗，就会焕然一新，根本不需要专门擦拭。

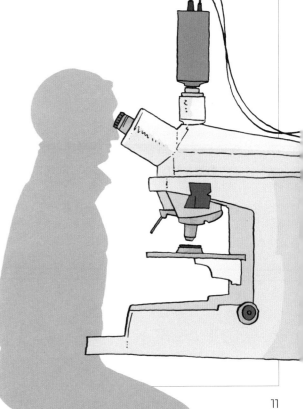

尼龙搭扣

　　另一个仿生学的例子是尼龙搭扣，也叫魔术贴。在瑞士，有位爱在树林里遛狗的工程师，他发现小狗身上总会粘上许多带刺的牛蒡种荚，很难拔掉。他把这些种子放到显微镜下观察，发现牛蒡种荚的刺上有着非常微小、富有弹性的小钩子，可以牢牢地钩住动物的皮毛。根据这个原理，这位工程师发明了尼龙搭扣。这项发明大获成功，魔术贴出现在手袋、鞋子和很多其他物品上。你一定听过它发出的声音："刺啦……刺啦……"

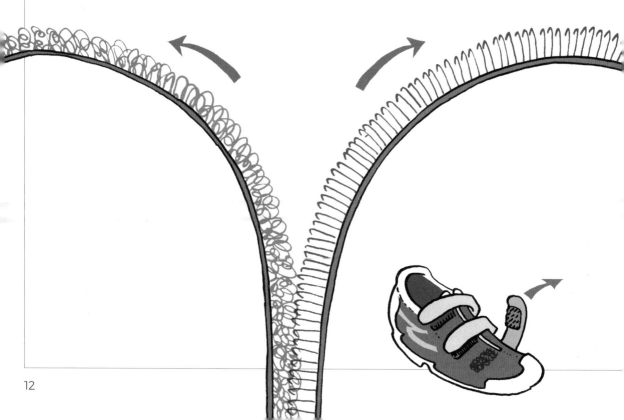

和鲨鱼一样快速

动物世界也提供了许多新型材料的制作灵感。鲨鱼就是个很好的例子，它们体形庞大，却是游泳健将。研究发现，鲨鱼的皮肤不是完全光滑的：紧凑有序的鳞片上可以看见小小的沟槽，与游动方向平行，可以减小水流的阻力。人们模仿鲨鱼皮的表面结构制作了泳衣，运动员穿上以后，就能游得更快。有些船的船体有着类似表面，也可以更加轻松地乘风破浪。

更多源于自然的灵感

仔细观察鸟类飞行的过程，我们不难发现：鸟类在飞翔时，它的翼尖通常指向上方，这样可以减小空气阻力，使飞行变得更加省力。现在，人们在建造飞机时，也模仿了鸟翼的这种特性，在机翼两端配上"小翅膀"，即翼尖小翼，也叫翼端帆，它们可以减小空气阻力，在飞行时节省许多燃料。

仿生学真是神通广大，利维娅和乌利赞叹不已。乌利突发奇想："我家的猫从地板跳到桌上，轻轻松松，都不用助跑！而且，无论它从什么地方掉下来，都是爪子先落地。如果人在做体操的时候，也能像猫一样就太好了！"格鲁比回答："是啊，可惜实现起来很难。猫的骨架非常柔韧，而且肌肉特别强健，所以它们的弹跳力才会这么出色。这是很难模仿的。"

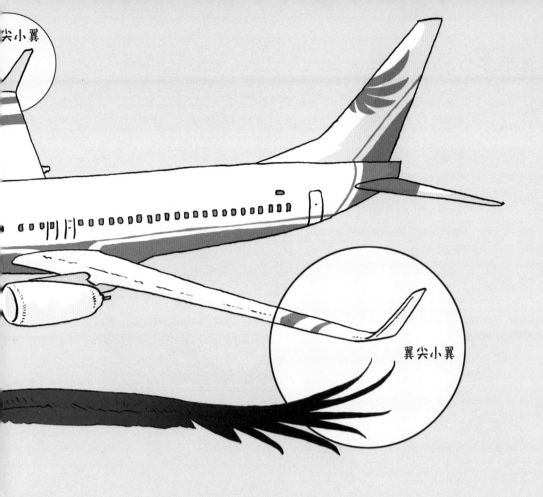

翼尖小翼

不过，猫确实给仿生学家带来了一些灵感。飞快奔跑的猫咪在突然"刹车"时，猫爪的肉垫会张大，增加了与地面的摩擦，缩短了"刹车"的距离。近几年，人们根据这种特性，改进了汽车轮胎，提高了汽车刹车和转弯的性能。

计算机的奥秘

"哎，今天的雨可能不会停了！"利维娅说，"走吧，乌利，我们去找格鲁比。虽然天气很差，但他一定有办法打发时间。"

格鲁比看到两位小客人也非常开心："太好了，你们来得正是时候。我写了个新的计算机程序，正好可以一起试试。"

计算机，一个神奇的"生物"

在日常生活中，计算机随处可见。很多人家里都有计算机，学校也配备了计算机。在工作的时候，大家也几乎离不开计算机。

说到计算机，就免不了提到硬件，硬件指的是那些摸得着的部分，比如：

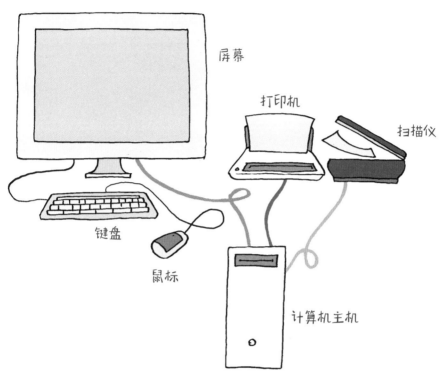

屏幕

打印机

扫描仪

键盘

鼠标

计算机主机

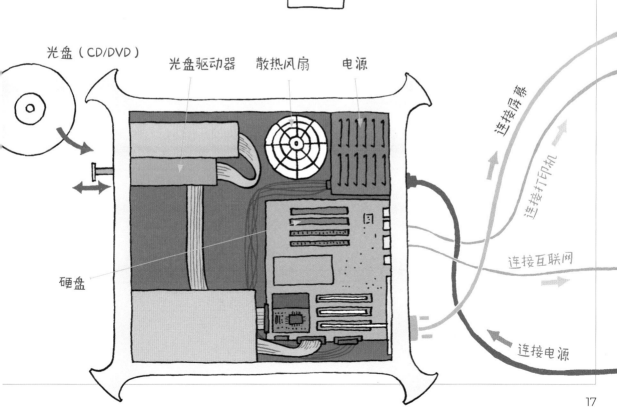

光盘（CD/DVD）

光盘驱动器　散热风扇　电源

连接屏幕

连接打印机

连接互联网

连接电源

硬盘

计算机是能够加工和存储信息的电子设备。通过键盘，我们能够在计算机上输入数据。这些数据可以是文字，也可以是数字。比如，我们可以输入数字，记录收入和支出的金额，等等。

数据会首先进入计算机的内存。 内存是计算机程序运行的地方。 什么是程序呢？ 程序会告诉计算机该怎么处理数据，告诉它第一步应该做什么，第二步应该做什么，按部就班。 举个例子，一个简单的程序，可以让计算机按照时间先后，给家人的出生日期排序。 不过，想要用计算机加工图片的话，就需要一些更复杂的程序。 此外，还有一些更高级的程序，可以用来制作动画片、运行游戏。 这些安装在计算机里的程序叫作软件。

电流

利维娅照片

文字

乌利足球

数据经过计算机程序处理后，会被打包成文件，存放到硬盘的文件夹里。 为了方便查找，我们会给文件和文件夹取名字，这样一来，就可以随时从硬盘中取出文件夹和文件，并打开它们。 比如，想要知道姑姑安妮塔什么时候生日，只需要打开叫作"家庭"的文件夹，找到"生日"这个文件；想要找去年暑假旅行的照片，只需找到叫作"照片"的文件夹，打开里面叫作"暑假"的文件就可以啦。

除了这些事先存储在计算机里的文件，我们还可以通过计算机屏幕查看其他内容。 比如，老式的计算机里有 CD 光盘和 DVD 的驱动器，使用时，只需把它们装到光盘驱动器里，就可以播放。 随着计算机的更新换代，现在的计算机基本上不需要光盘驱动器了。

通过鼠标，我们可以移动屏幕上的小箭头，输入指令——这个过程，和用键盘输入数据有点儿像。

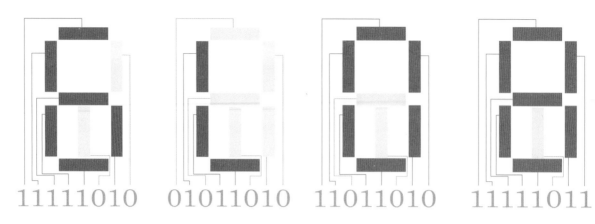

11111010   01011010   11011010   11111011

比特（bit）和字节（byte）

最早的计算机，主要用于数字计算，所以被称为计算机，别名为电脑，英文名叫"Computer"。

算数时，我们常常使用 0 到 9 这十个计数符号。这就是所谓的十进制记数法，也叫十进制记数系统。计数的顺序是：0，1，2，3，4……比较常见的数学运算有：1+1=2、9+1=10，等等。这些知识，大家一定都学得滚瓜烂熟了。

但计算机是个电子设备，无法区分 9 个甚至 10 个不同的数字，它只能区分"开"和"关"这两种状态："开"表示"有电流流过"，"关"表示"无电流流过"。任意一种状态都对应一个信息单位，这个单位是二进制里最小的数位，叫作比特，也叫二进制位。这个系统里只有两个数字：1 和 0。计数时的顺序也和十进制不一样：0，1，10，11，100，101……虽然在二进制系统中，运算规则不变，但算式看起来会很不一样：100 + 101 = 1001。

下面一共有十个二进制数，每个二进制数分别用四个二进制位表示，可以对应十进制数 0 到 9：

0000 = 0, 0001 = 1, 0010 = 2, 0011 = 3, 0100 = 4,

0101 = 5, 0110 = 6, 0111 = 7, 1000 = 8, 1001 = 9

想要让计算机帮我们完成算术题，就必须把所有十进制数都变成二进制数，比如，把 65 变成 0100 0001。要把 0 到 255 个阿拉伯数字、26 个英文字母中的任意一个变成二进制数，一共需要八个二进制位，也就是八个比特。八个比特相当于一个字节。

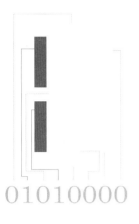

01010000

看左图，比特按照一定的顺序排列，就可以传递具体的信息：1＝电流流过，红色的小灯亮起。0＝无电流流过，小灯不亮。每八个比特表示一个字母。我们用 40 个比特，"写"出了 5 个字母：Globi。没错！这是格鲁比的英文名字。

仔细区分了比特和字节以后，乌利迫不及待地问道："格鲁比，你新写的程序是什么样的呀？"格鲁比回答："是个乒乓球小游戏。不过，因为我们是在计算机屏幕上玩，所以我叫它屏幕乒乓球。"格鲁比打开程序，开始讲解怎么移动"球拍"，怎么击"球"。利维娅和乌利很快就掌握了要领。于是，三个小伙伴打了一场小比赛。猜猜看，谁赢了呢？

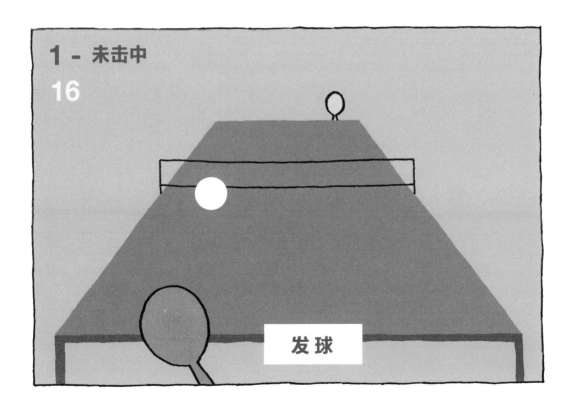

完全数字化

比特和字节是计算机运行的基础。无论是算算数、写文章还是玩游戏，计算机都只认识比特和字节。因此，所有用十进制表示的数字都得转换成二进制数。图片和音乐也必须转换成可以用比特和字节表示的信息单元，即数码文件。这个转换的过程被称为数字化。

以图片为例。一张数字化的图片可以被切分成很多小点，这些点被称为像素。每一个点都是二进制的数据信息。这些数据信息会以文件的形式保存在相机的存储卡上，而且，可以通过存储卡传输到计算机。当我们需要在屏幕上查看或打印照片时，这些数据就会被重新转换为图片。

速度，速度！

　　计算机运行起来特别复杂！计算机必须完成很多小步骤，才能正常运行一个程序。那么，为什么计算机还是可以帮助人类完成那么多任务呢？没错，因为速度。现代计算机可以在很短的时间内完成上万个程序步骤。这主要归功于计算机的微芯片，也叫集成电路，它是计算机的基本构建块。有了微芯片，硬盘上可以在极小的空间内存储上百万条信息。而内存里的微芯片则可以飞速地处理数据。

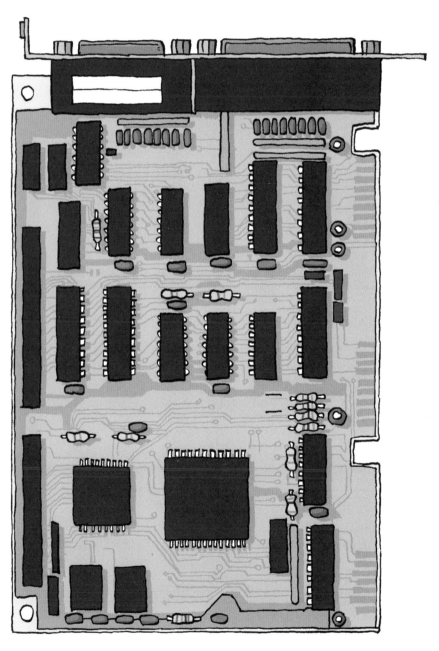

计算机里的微芯片被井井有条地固定在线路板上

世界最长的铁路隧道

说起瑞士的世界之最，不能不提圣戈达基线铁路隧道。该隧道历时 17 年，耗资 120 亿法郎，单线隧道全长 57 千米，是世界上最长的铁路隧道。但它是如何建成的？格鲁比准备穿越时空，带好朋友去探索一番。

时间回到 2007 年，格鲁比带着利维娅和乌利探访阿尔卑斯山脉的圣戈达山。他们在山间徒步时，看到了一个施工工地，格鲁比兴奋地说："这里正在修建圣戈达基线铁路隧道，我们今天可以参观现场啦！这是我们的向导——西尔维娅，一名土木工程师，她会全程陪伴我们参观这个隧道。"西尔维娅给大家发放了防护服、靴子和头盔，并亲切地说："大家好，欢迎来到赛德龙小镇。我们面前就是圣戈达基线铁路隧道的五个入口中的一个，大家穿好防护服，我们开始参观了哦。"

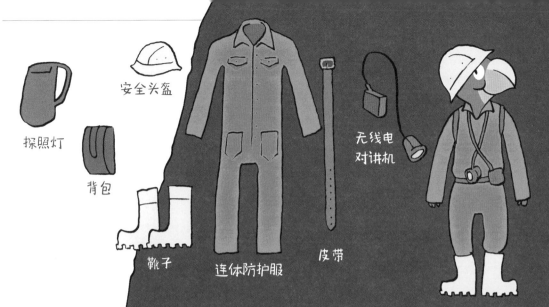

探照灯

背包

安全头盔

靴子

连体防护服

皮带

无线电
对讲机

格鲁比和小朋友们飞快地穿好防护装备，地下隧道之旅开始啦！他们首先搭乘了一辆小火车，行驶了 1000 米，到达一座井坑前。随后，他们乘坐电梯，下降到井坑的深处。仅仅一分钟，他们乘坐的电梯就走完了 800 米全程，到达大山的中段。他们在那里乘上另一辆火车，来到了南面的隧道。

西尔维娅讲解道："这里的电梯和火车的功能其实是把工人送到山体内部的施工现场。所有设备，包括大型施工机械，都得从这里进入山体。你们发现没有，隧道和电梯井里都安装了一些管道。要知道，在山体里工作需要水和电，相应的

水电管道都少不了，而且工人们也需要呼吸新鲜空气。所以，我们会通过这个竖井把新鲜的空气泵入山体内部，并把内部的废气通过另一个竖井抽出去。"乌利忍不住说："这儿好热！""确实。所以我们在这里配备了冷却装置，用于降温。隧道上方的山体越高，就说明隧道挖得越深，隧道里的温度也就越高，最高可达 55℃。没有降温装置的话，再厉害的人也没法工作。"

赛德龙小镇　施工工人的住所

现在，大家到了隧道的尽头，西尔维娅说："在这里，大家可以看到，我们是如何借助炸药在山里挖隧道的。"

隧道掘进

　　使用爆破方式挖掘隧道时，人们会先用许多巨大的钻头在岩石上钻出很多圆洞，随后在洞内放入液态炸药和引爆器。准备就绪后，必须全员撤离隧道。洞内的炸药并非同时引爆，而是依序引爆。用这种方法挖掘隧道，每天可以掘进 6 米到 8 米。等爆炸产生的尘埃落下以后，人们就会展开清理工作。爆破产生的石碴会由巨大的挖掘机挖除，并通过电梯运出隧道。

　　西尔维娅说："我们把这个清理的步骤称为出碴。"利维娅好奇地问道："那这些碎石头运出以后，会怎么处理呢？""我们会把它们磨成细小的沙砾，用来制作混凝土。配好的混凝土可以喷涂在隧道的墙面上。剩下的碎石会被堆在山体附近的小山谷里。等到施工结束以后，我们会在上面盖上泥土，种植绿色植物。这样就减小了隧道的修建工作对当地风景地貌的影响，也无须使用闹哄哄的大卡车运输碎石。"

凿岩台车　混凝土喷射机　锚杆钻装车　铲

使用过的气体（废气）

瓦尔布格内山谷

多余的石碴

使用过的气体（废气）

800米

西尔维娅带领小朋友们穿过一条连接两个隧道的横向通道，进入了另一个隧道。一台巨大的掘进机正在这里挖掘隧道。"这是加比2号，"西尔维娅微笑着说，"它还有一个小伙伴，叫作加比1号，正在西侧的隧道里工作。这种机器的前端有个巨大的圆形刀盘，上面其实装着许多钻头。机器启动后，刀盘会越转越快，上面的钻头就会扎扎实实地凿进岩石里。"

接下来，他们来到了"集装箱小镇"前。"施工工人应该不住在下面吧？"利维娅疑惑地问。西尔维娅笑了，解释道："不会的，放心吧，工人们上完8个小时的班以后，就会乘电梯回到地面。不过，地下的施工工作是24小时不停歇的，所以，当一班工人结束工作后，就会有另一班工人接替他们的工作。"

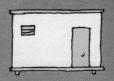

山体内部的城市

大家的集装箱其实是车间，是工人们更换车轮内胎、钻头和其他机器零件的场所。把故障设备运往地面太费时费力，所以，工人在隧道里设置了仓储车间，用来存放修理所需的耗材。

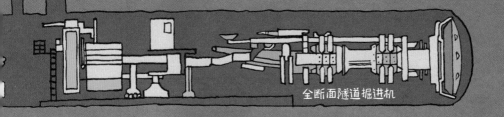

全断面隧道掘进机

西尔维娅打开手电筒，照亮隧道，孩子们看到隧道里到处是发亮的小圆点。西尔维娅解释道："这些小圆点是测量标志，可以帮我们判断隧道挖掘的方向，确保挖掘的方向和原计划一致。此外，我们还可以借助这些测量标志，测出隧道有没有下沉，或者发生其他形变。"

埃斯特费尔德　　　　　　赛德龙　　　　　　　　　　　　　　　　　　　　　　博迪奥

57 千米

铁路隧道会穿过不同的岩层

科技锦囊

大山体内的锚杆

想要避免隧道坍塌，就必须通过锚杆加固，也就是把钢筋打入岩石内部，从而使隧道结构更加稳固，承受大山带来的巨大压力。此外，并不是所有岩层都是坚硬的岩石，也有一些较软的沙质岩层。遇到这样的岩层，必须使用钢拱架加固隧道。这些钢拱架就是支撑隧道的"骨架"。

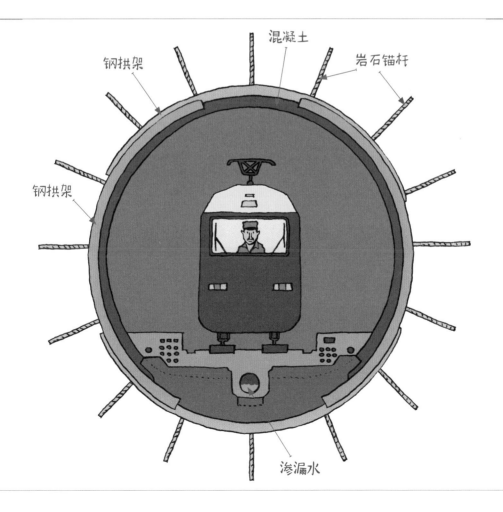

混凝土

钢拱架　　　　　　　　　　　　　　　　　岩石锚杆

钢拱架

渗漏水

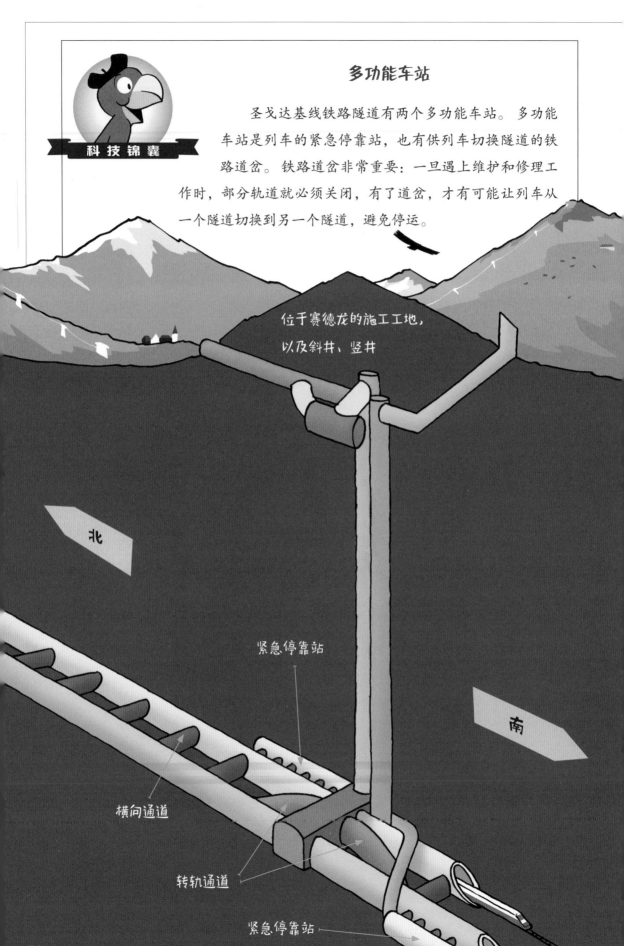

多功能车站

圣戈达基线铁路隧道有两个多功能车站。多功能车站是列车的紧急停靠站，也有供列车切换隧道的铁路道岔。铁路道岔非常重要：一旦遇上维护和修理工作时，部分轨道就必须关闭，有了道岔，才有可能让列车从一个隧道切换到另一个隧道，避免停运。

位于赛德龙的施工工地，以及斜井、竖井

北

南

紧急停靠站

横向通道

转轨通道

紧急停靠站

新阿尔卑斯铁路运输计划

早在 70 多年前，就有人提出要修建这么一条铁路隧道。但是，当时有很多人都认为这是天方夜谭。但是，随着新技术、新设备的出现，修建工程慢慢进入了规划阶段，并于 1996 年开始初步挖掘。当然，问题和困难在修建过程中也从未缺席，所幸一切都已经得到解决。

圣戈达基线隧道贯通后，人们穿越阿尔卑斯山的速度快了许多。这条铁路隧道几乎没有任何坡度，可以允许货运列车装运更多、更重的货物。因此，这个名叫新阿尔卑斯铁路运输计划的铁路隧道修建项目，对全欧洲的轨道交通都意义重大。

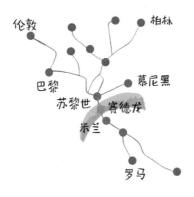

隧道参观之旅接近尾声。"在回地面之前，我还想带你们看个地方，"西尔维娅说，"看到那两个空荡荡的空间了吗？它们很可能会变成候车室哦。""天啊！在大山体内的候车室？"格鲁比震惊地问道。这时，乌利自豪地大声抢答："没错，格鲁比，这个候车室所在的车站会被命名为阿尔卑斯之门。"

看完了未来的候车室，一行人乘坐电梯回到了地面。这次旅行实在是太有趣了，不过，令格鲁比和朋友们感到高兴的是，他们终于"重见天日"了。他们上交了防护服和靴子，换上了自己的衣服，并与西尔维娅告别，向西尔维娅表达谢意。

隧道深处的车站

　　在圣戈达山内部修建火车站的想法由来已久，在人们挖掘赛德龙的竖井时，这个想法再次苏醒了：带电梯的竖井可以为游客服务，而且紧急停靠站可以变成"真实"的候车站。圣戈达山区要是能有这样的列车站，好处多多，可以和德国、瑞士、意大利之间的重要交通路线直接连通。对于游客来说，这也是再好不过的事情：游客可以先乘坐火车，穿越全世界最长的隧道，再搭乘电梯，在全世界最深的竖井里爬升，"嗖"，不到两分钟，就可以到达地面。

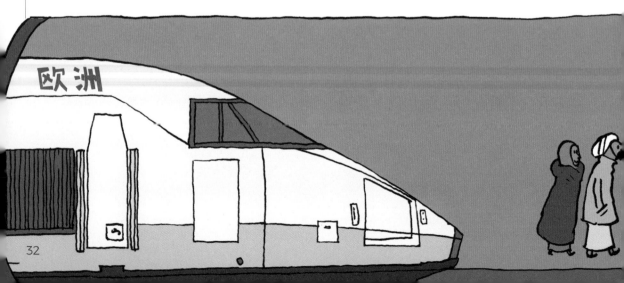

但是，要想实现这个愿望，其实困难重重。圣戈达基线铁路隧道原先只是为高速列车和货物运输修建的，列车的速度可以达到每小时 250 千米。列车在以如此高的速度行驶时，需要刹车很长一段距离才能停下来。所以，它们要想在隧道中间停车，是极其困难的事情。而且，隧道运营商担心这些列车可能会拥堵隧道，干扰货运列车的照常运行。此外，一旦慕名而来的游客增多，酒店、缆车和滑雪索道等配套设施就会像雨后春笋一般涌现，当地的自然环境可能就要遭殃。

总之，这个"阿尔卑斯之门"列车站一旦落成，一定会轰动全球。但我们现在还无法确定，这个美梦会不会有成真的一天。

城市里的自然保护

回到现实中的城市，在火车站下车后，格鲁比准备和朋友们告别。这时，利维娅小声说："嘘，看那边！"只见火车站里的一座矮墙上，一只蜥蜴正在傍晚的阳光下晒太阳。乌利几乎不敢相信自己的眼睛，惊呼："蜥蜴？在火车站里？"火车站的园丁格雷戈尔听到了他们的讨论，解释说："对呀，蜥蜴在这里找到了理想的栖息地。还有一些少见的动植物也在火车站里安了家。"

这听起来似乎很惊人，但它背后的原因很简单。如今，无论在城市还是在农村，没有被人类开发的土地越来越少，很多蜥蜴失去了它们的栖息地。不过，幸运的是，它们在火车站里找到了合适的居所。

无脚蜥蜴　　　野蜂　　　石蝗

格雷戈尔进一步解释道："在铁道枕木和沿线的沙堆里,野蜂也找到了合适的住所。当然,附近还有其他昆虫,它们也喜欢在这些干燥、植被稀少的地方安家。同时,被开垦的土地越来越多,许多植物失去了原有的家园,最终在铁路区域重新安家。有些植物甚至扎根在停车场的铺石路面里,还有一些生长在候车棚或工作间的屋顶上。"

石墙

石笼

不忘关心动物

瑞士的铁路部门专门成立了一个工作小组,积极保护动植物,拯救濒临灭绝的物种。如果铁路的修建破坏了原有的土坡或草地,人们就会在其他地方培育新的土坡、草地。修建小型候车棚之类的建筑物时,人们也会把建筑物稍稍垫高,这样蜥蜴就可以在建筑物下方的碎石堆里找到理想的冬季家园。除此之外,考虑到有些小生灵喜欢攀爬,人们就用石墙和石笼来代替过于平整的水泥墙。火车站附近还有专门为野蜂准备的"昆虫旅馆",这是根据昆虫习性钻了小孔的树干,野蜂可以在里头安家、养育后代。

野蜂的"昆虫旅馆"

奏乐机器人——未来的音乐会

未来的音乐是怎样的？在日本爱知县的世博会上，一场盛大的音乐会拉开了序幕。格鲁比、利维娅和乌利在电视上收看了整个过程，令他们惊讶的是，在音乐会上演奏的是机器人！利维娅问道："它们怎么会吹小号？"格鲁比笑道："肯定不是在音乐学校学的，是工程师和程序员制造了这些神奇的机器人。当然，娱乐不是他们制造这些机器人的唯一目的。这些机器人可以装载许多不同的程序，从而获得各种各样的功能，完成各式各样的任务。"

快看，可以打扫卫生的机器人，这个创意太棒了！还有可以陪小朋友玩的机器人，不过这在乌利和利维娅看来，有点儿太前卫、太超现实了。机器人还可以做什么呢？他们俩很快就有了自己的想法："会飞的机器人可以帮我在小果园里浇花，摘下我够不着的苹果和梨！""会整理房间的机器人，可以帮我整理所有的玩具！"

"会做作业的机器人，可以帮我完成所有作业！"格鲁比笑道："写作业这件事，不管是现在还是未来，估计你们都得自己做。"

机器人

机器人是能够独立或通过人工遥控完成各种任务的机器。人们可以对它们进行编程，使它们胜任新的任务。让机器人成为得力助手的梦想由来已久，早在 15 世纪末，意大利艺术家、发明家列奥纳多·达·芬奇就已经绘制了一系列"人造人"手稿，这种模仿人体结构的机器人叫作人型机器人。不过，机器人种类很多，下文会介绍几类：

人型机器人在外观上与人类相近，是日本爱知县世博会的主角。但是，它们在日常生活中的作用还不是很大。不过，这种现状在未来一定会发生变化。

工业机器人常见于制造行业和包装领域，比如，在制造汽车的工厂里就可以看到工业机器人的身影。除此之外，一些游戏装置也和工业机器人一样，是可以进行编程的。

服务机器人可以被应用于家庭生活，例如，非常受欢迎的清洁机器人、扫地机器人，这类机器人已经存在，比较常见的还有自动割草机和自动吸尘器。但是，要想让家政工作完全自动化，还得再等上一段时间。

在医学或科学领域，机器人也发挥着重要作用。例如，在太空航行的过程中，机器人可以执行一些人类无法完成的任务。

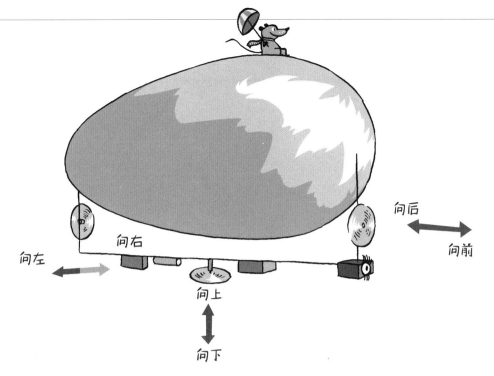

向后

向前

向右

向左

向上

向下

"软式飞艇"和其他飞行机器人

可以帮助利维娅打理果园的飞行机器人还不存在。但可以自主飞行的无人飞行器已经成为现实。我们常坐的飞机上就装有一台"自动驾驶仪",可以自行调节飞机的飞行姿态,帮助飞行员操纵飞机。另外,大名鼎鼎的"无人机"也是无人乘坐的飞行器,可以用于空中摄影。2001年,一架可以自动驾驶的直升机在瑞士苏黎世展出。2005年,瑞士西部小镇沃韦(Vevey)的博物馆向公众展示了"软式飞艇"。

"软式飞艇"是一种超轻的飞行物,可以在空中自主飞行,既不会撞墙,也不会坠毁。它的体内充满了氦气,形状像鸡蛋形气球,由三个螺旋桨驱动。纯氦气比空气轻很多,可以让飞艇飘浮在空中。机身外部的三个螺旋桨能够让飞艇完成所有方向的运动:向前、向后,向上、向下,甚至自转。为了能够在空间定位,飞艇配备了简单的导航系统:一个用于测量水平位置的摄像机和一个测量垂直位置的高度计。另外,还有一个叫作"陀螺仪"的装置,专门监测飞艇的自转情况。飞行过程中,飞艇不断比较这些测量数据,从而确定下一段飞行路径。比如,当飞行器飞向墙壁时,摄像机报的水平距离越来越小,距离缩小到一定程度时,控制程序就会命令飞艇减速并转弯,"软式飞艇"就可以在空间中自由飞行。

探访智能小屋

小朋友们念念不忘机器人，每当家人让乌利帮忙做家务的时候，乌利就会大声呼唤服务机器人。利维娅甚至不愿意再做作业了，她说："这应该让机器人做呀！"

他们的父母很着急，立刻打电话给格鲁比，让他帮忙。格鲁比一听原委，马上就明白了："这是急性机器人依赖症！补救的办法只有一个。我们必须把孩子们拉回现实，让他们知道，新的智能家居技术可以实现什么，不可以实现什么。"

格鲁比告诉利维娅和乌利："今天下午，我带你们去我朋友的家。他们叫盖比和雷米，是一对夫妻，生活在一栋智能小屋里。"乌利一听，激动地感叹道："智能的小屋！太好了！"格鲁比接着说："这栋小屋很贴心，可以帮主人完成很多事情！"利维娅一听，立马从吊床上弹了起来，想要即刻出发。

没过多久，一行三人就已经坐在盖比和雷米家的客厅里了。但是，乌利有些失望，心想："怎么没有智能机器人？甚至连一个小小的擦窗户机器人都没有！"不过，在盖比和雷米向他展示屋内设备的时候，乌利的失望立刻烟消云散了。

雷米解释道："一栋房子不会真的有智力，因为，智力是人类才有的东西。人类在小屋内巧妙地运用了现代科技，所以，智能小屋才会变得与众不同。"

"所谓的智能小屋，并不是说把吸尘、擦窗、浇花这些零散的家务，都分配给不同的设备去完成；而是通过一台计算机，统一控制房屋内的照明、供暖、通风、音乐、电视和警报等功能。这样一来，我们就不用给每个房间的每个卷帘、每台灯具单独设置开关。比如，天黑的时候，智能小屋就会自动开灯。"

每当盖比和雷米的孩子们上床睡觉时，他们就会把智能小屋切换到"儿童梦乡"模式。孩子们房间的小夜灯就会亮起，门铃和电话的音量也会调低。就算有人来电话，也不会吵醒孩子们。等到盖比和雷米也要上床睡觉时，他们就会切换到"晚安"模式。这时，智能小屋就会熄灭所有灯光，调低室温，关闭一楼的窗户，并打开警报系统。

不只是简化生活

这些技术简化了我们的日常生活。除此之外，智能小屋的中央控制系统还能发挥其他更重要的作用。例如，冬天家里没有人的时候，室内供暖设备的温度会自动调低一些。即使温度只调低了一点点，也能节省大量的能源。如果有设备发生了故障，小屋就会自动呼叫技术人员。万一有更糟糕的意外发生，小屋就会根据情况，立刻向房屋主人、警察局或消防队发出警报。

智能小屋的总线

　　智能小屋的核心是可以集中调控各种设备的可编程控制系统。通过一条总线——也就是一条贯穿整个房屋的线路，这个控制系统就可以和房屋内的所有电子设备联通，并操控这些设备。

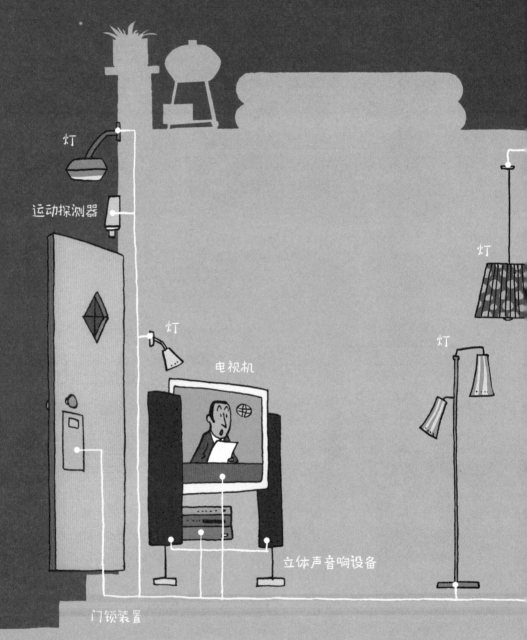

灯

灯

运动探测器

灯

灯

灯

电视机

立体声音响设备

门锁装置

　　要想让智能小屋全自动实现各种功能，就需要把相应的传感器也连接到总线上。如此一来，作为中央调控系统的计算机就可以集中调控各个设备。比如，根据各个房间内温度传感器提供的信息，自动调节各个房间的温度。如果想在房间内没人的时候自动熄灯，只需要安装运动探测器，它会在室内没有动静的时候发出熄灯信号。

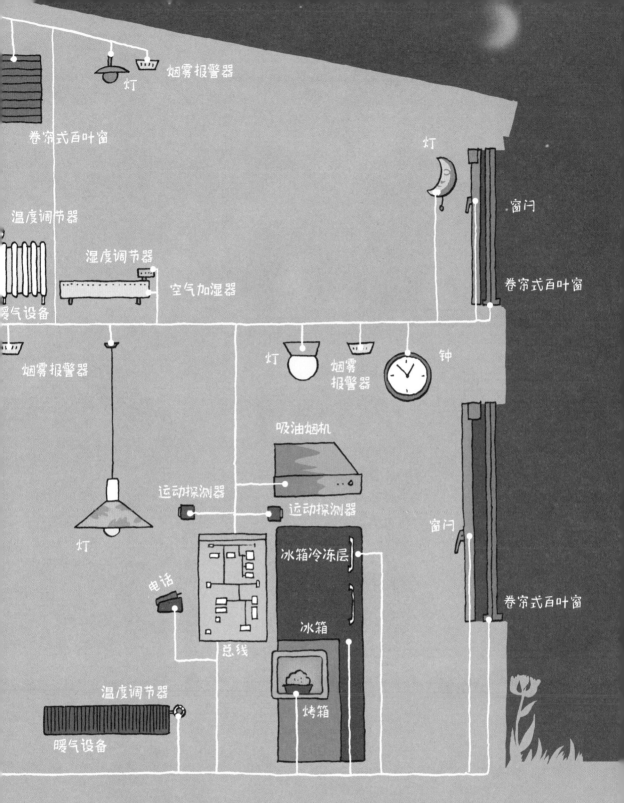

卷帘式百叶窗

灯　　烟雾报警器

灯

窗闩

温度调节器

卷帘式百叶窗

湿度调节器

空气加湿器

暖气设备

烟雾报警器

灯　　烟雾报警器　　钟

吸油烟机

运动探测器　　运动探测器

窗闩

电话

冰箱冷冻层

冰箱

卷帘式百叶窗

总线

温度调节器

烤箱

暖气设备

　　这种运动探测器的摄像头可以在红外波范围内工作，因此能在黑暗中检测运动。所以，运动探测器也能给警报系统提供重要数据。假如房屋主人都不在家，探测器却发现屋内有动静，就说明家里很可能进小偷了。

盖比接着说："智能家居技术对我们而言，确实非常重要。不过，在建造这栋小屋的时候，我们也在节能方面花了很多心思，把小屋的能源消耗降到最低。"利维娅听了，不禁赞叹："太赞了！你们的房子不仅智能，还不浪费能源？"

"没错，在节能这个方面，最关键的是小屋的隔热层。小屋有两层墙壁，墙壁之间还有一层15厘米厚的岩棉保温板。而且，小屋的窗户基本上都是朝南或朝西的，这样一来，即使到了冬天，屋内也有大量的光照。小屋的暖气由热泵提供，热泵配备了地热换热器，埋在地下，可以利用地热能源。除此之外，我们还在屋顶上安装了太阳能集热器，可以为浴室和厨房提供热水。"

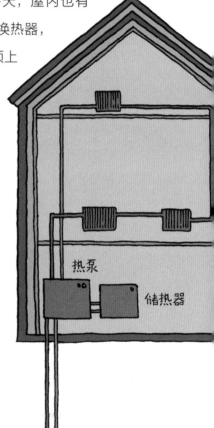

热泵

储热器

地热换热器

热泵

热泵可以从周围的环境中"吸取"热量，给房屋供暖。图中的地热热泵配有一个地热换热器，也就是埋在地下的超长塑料管。管子里装有一种液体，是水和防冻剂的混合物，可以吸收周围土壤的热量。热泵可以像抽水泵一样，把这些热量"抽"上来，直接为房屋供暖，或者暂时储存到储热器里。

太阳能集热器

　　太阳能集热器可以从太阳辐射中获取热能。集热器真空管的内管里有一种液体，可以吸收太阳光的热量。平时用来浇花的水管如果是黑色的，水管里的水就会因为阳光的照射变热，集热器的原理也是一样的。吸收了热量的液体会到达储热水箱，加热家庭用水，从而存放热能。即使遇上了连续不断的阴雨天气，也不用担心没有热水可用，因为太阳能集热器的储热水箱特别大，大约可以储存 300 升的热水。而且，为了保持水温，储热水箱配有隔热保温层，可以很好地防止热量流失。

手术室的新技术

一天下午，格鲁比和朋友们去湖里游泳。湖水特别温暖，利维娅冲上了跳水台，一次又一次地从跳板上纵身而下，兴奋不已。随后，她又和格鲁比比赛游泳。"你也下水呀，乌利！可好玩了！"利维娅激动地喊道。但是，乌利坐在湖边，看起来很难受的样子，摆摆手，说道："我不太舒服……可能是我吃撑了？"格鲁比听完觉得很奇怪，因为吃午饭的时候，乌利明明完全没有胃口。格鲁比问道："具体是哪里疼呢？什么时候开始疼的？"乌利努力地回想，原来，他早晨就已经开始不舒服了，他的胃右侧一直很疼。

乌利忍着痛，努力地开了个玩笑："这种疼痛的感觉，现在滑到下边儿了……可能……它很快就会消失了。"格鲁比立刻觉得大事不妙，说道："不对劲，很有可能是阑尾炎！必须马上看医生。要是真被我说中了，那你就得立刻手术。"

去医院的路上，乌利开始担心起来："要做什么手术啊？他们会把我的肚子切开吗？我会在医院里住很久吗？"格鲁比安慰道："不用害怕，现在可以做微创手术，不是什么大手术，切口就是个纽扣而已。"乌利一听，更慌张了："什么！什么！他们要在我的肚子上装纽扣?！"格鲁比赶紧安慰他，说道："不是，我的意思是，手术的切口非常小，就只有纽扣眼儿那么大。术后，几乎看不到疤痕，通常两三天就可以回家啦。"利维娅向乌利许诺："到时候我们会来探望你的，一定！有了我们的陪伴，两三天的时间，一眨眼就过去啦！"

阑尾炎

　　阑尾炎，是指连接着盲肠末端的一根小管子发炎了。阑尾炎的病因多种多样，而且，儿童得阑尾炎其实非常常见。如今，通过微创手术切除阑尾，已经非常简单。但是，得了阑尾炎却没及时就医，情况就会变得非常危险。发炎的阑尾可能会裂开，炎症很可能会扩散到其他器官。因此，如果小朋友的腹部突然一阵一阵地抽痛，就必须立即去医院检查，以便及时治疗。

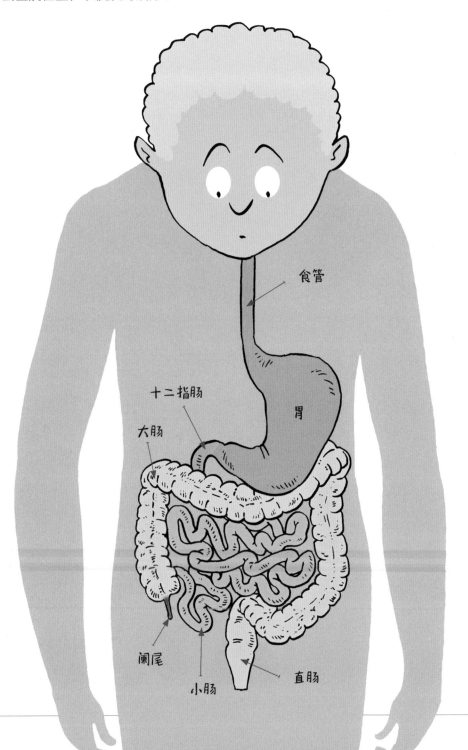

食管

十二指肠

大肠

胃

阑尾

小肠

直肠

给乌利做检查的是海默医生，检查很快就结束了。"格鲁比说的没错，你确实得了阑尾炎，必须马上手术。这只是个小手术，医院经常做，完全不用担心。"乌利问道："医生，可以给我详细讲讲这个'纽扣眼儿'微创手术吗？"海默医生很乐意解答。在去手术的路上，乌利已经开始想象接下来住院的日子。

"纽扣眼儿" 微创手术

微创手术，是一种切口极小的外科手术。病人被麻醉后，会失去痛觉。随后，外科医生就会用手术刀在病人身上切出一个小口，并通过切开的小口，插入专业仪器和微型摄像头。随后，医生可以通过一台显示器，直接看到病人身体内部的情况，用镊子夹住阑尾，并把它切除，再把切除的阑尾从腹部取出。最后，只需要把之前插入的仪器都从病人的体内取出来，手术就算完成了。身体上的小切口不需要缝合，和其他小的伤口一样，只需要进行消毒、包扎。手术之后，病人会被送回病房，直到麻药退去。

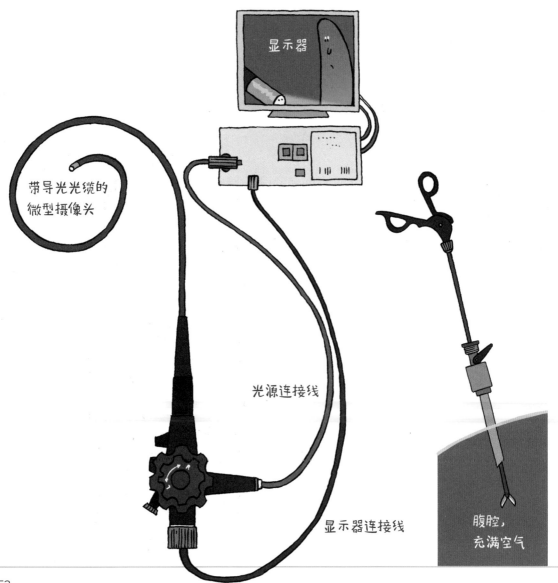

显示器

带导光光缆的微型摄像头

光源连接线

显示器连接线

腹腔，充满空气

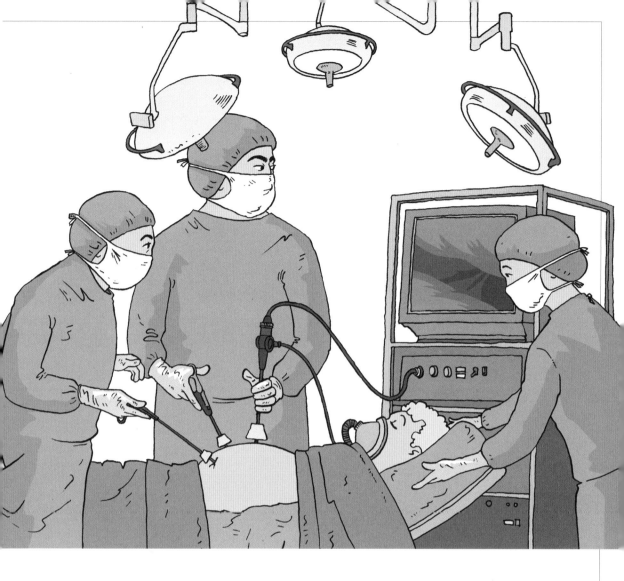

　　如今，全身很多部位都可以进行微创手术。随着电子科技的发展，微型夹子、镊子和微型摄像头等仪器不断出现，使微创手术成为可能。所有仪器都可以在人体外部进行电子遥控和操作。因为手术创口微小，病人在术后痛感往往较轻，且基本不会留疤，就算有，也是非常小的疤痕。和传统手术相比，微创手术的病人恢复的时间也很短。

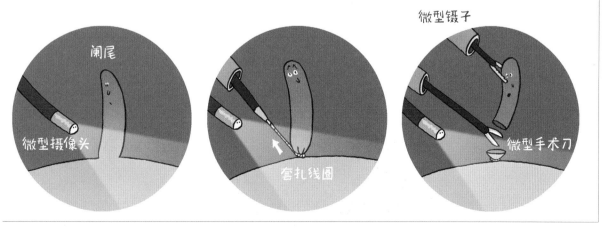

微型镊子

阑尾

微型摄像头

套扎线圈

微型手术刀

艾尔维拉得了白血病

"乌利，我给你带了巧克力！你感觉好点儿了吗？你还要在这里待很久吗？你住的是单人间吗？"利维娅第一次去医院，有些紧张，一连串的问题从她的嘴里冒出来，乌利都来不及回答。直到他的两个朋友都坐到了病床边，一起吃上了巧克力，乌利才不紧不慢地说起这两天的经历。

"其实，我做完手术一点儿都不疼。手术前，医生让我不要吃东西，下午，我就被推进了手术室。在手术室里，他们给我戴上了一个面罩，我透过面罩吸了几口，马上就睡着了。医生说，手术很顺利，但我还得在这儿待到这周末。"

住院期间，乌利并没有分到单间。不过，这也不是坏事。有了室友，可以一起玩儿，一起聊天，打发时间。"我的室友叫艾尔维拉，她现在正在做检查，很快就会回来。我们待会儿可以一起打牌。不过，她身体不是很好，常常很累，有时候甚至累到不能玩游戏。"没过多久，两名护士把艾尔维拉推回房间，她看上去心情很好，见到利维娅和格鲁比，她很激动，说道："我今天身体不错！我们一起来打牌吧！"艾尔维拉的手气很不错，连赢了三局。

　　玩儿了一会儿纸牌，格鲁比和乌利出去散步。病房里只剩下利维娅和艾尔维拉两个女孩儿，她们很快就成了朋友。艾尔维拉聊起了自己的病情："我得了白血病，这是一种血癌。我的血红细胞太少，常常会感觉很累。因此，我要接受一种配合药物进行的治疗，叫作化疗。每次化疗以后，我都会很难受，头发也掉光了。不过，今天检查的时候，医生检查了我体内血红细胞的数量，已经比上个星期多了！"

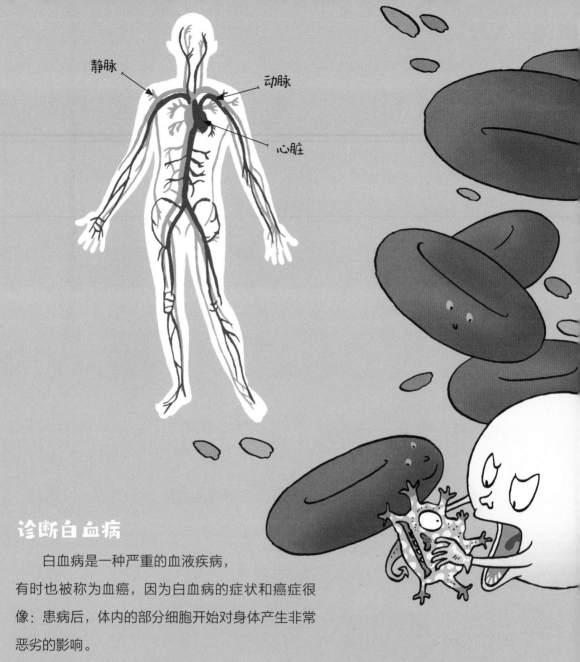

静脉

动脉

心脏

诊断白血病

　　白血病是一种严重的血液疾病，有时也被称为血癌，因为白血病的症状和癌症很像：患病后，体内的部分细胞开始对身体产生非常恶劣的影响。

　　血液是人体内的主要运输系统，它从心脏泵出，流遍全身：首先，血液会到达肺部，之后通过越来越小的血管，到达身体的各个部位，再回到心脏。血液中有多种成分，其中最重要的是血红细胞、白细胞和血小板，它们都漂浮在血浆里。血红细胞负责把肺部吸入的氧气运送到身体的各个肌肉细胞，而白细胞是身体用来保护自己免受疾病侵害的免疫系统的一部分。白细胞就好比血液中的健康警察，负责摧毁病原体，抵御其他外来的入侵者，消灭有缺陷的细胞。所谓病原体，就是导致人体或动物感染疾病的微生物（包括细菌、病毒、真菌等）、寄生虫或其他媒介。而血小板则负责止血，它们可以让伤口处的血液凝结，从而防止身体失去太多的血液。

这些血细胞都是在骨髓中产生的。白血病患者的骨髓产生了过多白细胞，其中大部分都不能正常工作。这些病态的白细胞也叫白血病细胞，它们在骨髓中扩散，导致骨髓无法产生健康的红细胞和白细胞。于是，当正常的血细胞越来越少，病人就可能生各种各样的病。原因很简单，"健康警察"白细胞无法正常运作，身体就会受病原体侵扰，最终感染疾病。同时，由于红细胞太少，体内氧气供应严重不足，病人就会脸色苍白，甚至突然昏厥。而且，病人体内的血小板数量也会变得过少，伤口处的血液无法正常凝固，血液就会在伤口处不停流出，所以，白血病患者常常会大量出血。

健康血液中的血红细胞和白细胞

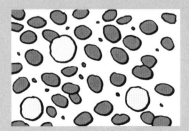

白血病患者血液中病态的白细胞

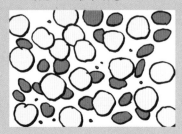

治疗方法

白血病的治疗方法有多种，其中最重要的是化疗和骨髓移植。

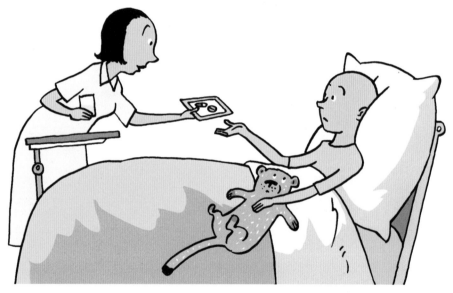

化疗，就是用化学药物进行治疗。在治疗的过程中，医生会使用强效药物——细胞抑制剂，这种药剂会减缓细胞的繁殖，并破坏一部分细胞。由于恶性白血病细胞的繁殖能力特别强，所以，药物对它们的抑制作用比对健康细胞的抑制作用更强，这无法避免健康的细胞也受到药物的抑制。因此，化疗病人会出现恶心、暂时性脱发等症状。但不能否认的是，近年来，细胞抑制剂的研发取得了巨大进展，许多病人的化疗取得了成功。

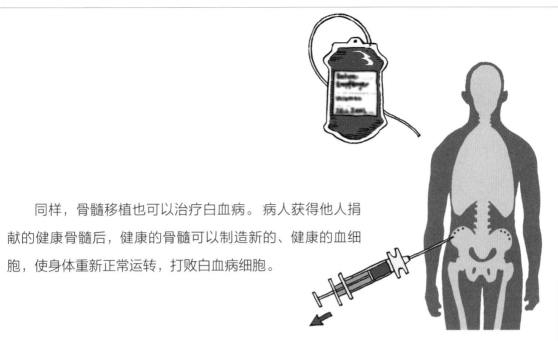

同样，骨髓移植也可以治疗白血病。病人获得他人捐献的健康骨髓后，健康的骨髓可以制造新的、健康的血细胞，使身体重新正常运转，打败白血病细胞。

为了实现骨髓的移植，医生会用一根特殊的针头从骨髓捐献者臀部两侧，更准确地说，是从髂后上棘，抽取大约一升的血液和骨髓。手术过程中，捐献者必须被麻醉，术后需要在医院里休养大约一天的时间。虽然部分骨髓被抽走了，但大约两周内就会再生，恢复到术前的状态。

随后，医生会从抽取的混合物里过滤出骨髓细胞，并净化它们。之后，再通过静脉注射的方式，将这些健康的骨髓细胞注射进病人体内。一旦移植成功，骨髓细胞就会在病人体内产生新的、健康的血细胞，逐渐取代不健康的血细胞。骨髓移植的治愈成功率很高。然而，捐献者的骨髓必须和接受者的骨髓在很多方面都吻合，才可以实现骨髓配型。想要找到合适的骨髓捐献者，是件非常困难的事。

全自动八字面包工厂

"祝你生日快乐！祝你生日快乐！亲爱的乌利，Happy Birthday ！"

真是一场惊喜的生日聚会，这是利维娅和格鲁比专门为乌利准备的。乌利之前毫不知情，现在自然是激动得不得了。所有人都来了，父母、同学，甚至爷爷奶奶都来了。

等到客人唱完生日歌以后，乌利迫不及待地开始拆礼物。他获得了好多早就想要的礼物：羽毛球拍和超好玩的游戏机等。最大的惊喜来自爸爸妈妈：一艘崭新的玩具船！乌利喜出望外。

格鲁比和利维娅津津有味地享受着生日宴上的美食。利维娅太喜欢八字面包了，上面撒着椒盐，酥酥脆脆，她一个劲儿地往嘴里塞，还不忘感叹："哇，真香啊！不过，这些面包上的结是谁打的呀？"格鲁比回答："肯定是机器打的。我有个朋友在做八字面包的工厂上班，说不定可以带我们去厂里看看。"利维娅高兴极了。

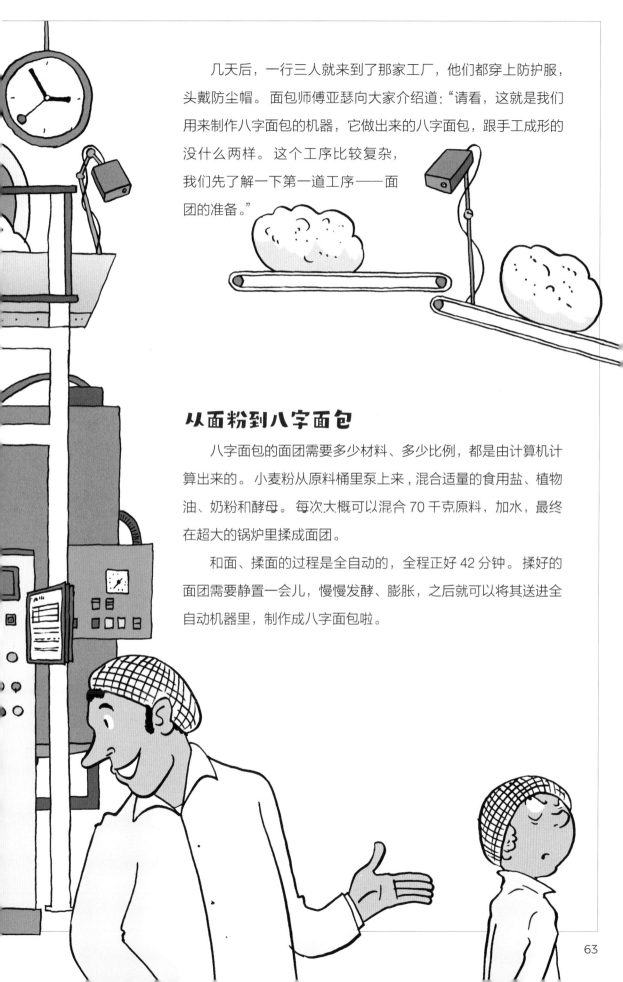

几天后，一行三人就来到了那家工厂，他们都穿上防护服，头戴防尘帽。面包师傅亚瑟向大家介绍道："请看，这就是我们用来制作八字面包的机器，它做出来的八字面包，跟手工成形的没什么两样。这个工序比较复杂，我们先了解一下第一道工序——面团的准备。"

从面粉到八字面包

八字面包的面团需要多少材料、多少比例，都是由计算机计算出来的。小麦粉从原料桶里泵上来，混合适量的食用盐、植物油、奶粉和酵母。每次大概可以混合 70 千克原料，加水，最终在超大的锅炉里揉成面团。

和面、揉面的过程是全自动的，全程正好 42 分钟。揉好的面团需要静置一会儿，慢慢发酵、膨胀，之后就可以将其送进全自动机器里，制作成八字面包啦。

全自动机器里有很多传送带。一块块面团乘坐传送带，经过擀面站、打结站，从大面团变成一个个小面团，并分发到各个八字面包站。传感器负责完成对各个站点的"喂料"：这些传感器叫光电管，它们会发出信号，报告面团何时需要被推入。

擀面工序一共分两步。首先，面团会被机器切成小块；随后，小块面团被送进两条不断滚动的传送带之间，经过挤压和滚动，面团会变得越来越细、越来越长。等到面团从机器里出来的时候，它们已经达到了理想的厚度和长度。接下来，机器会把面团做成扭成"8"字的形状。

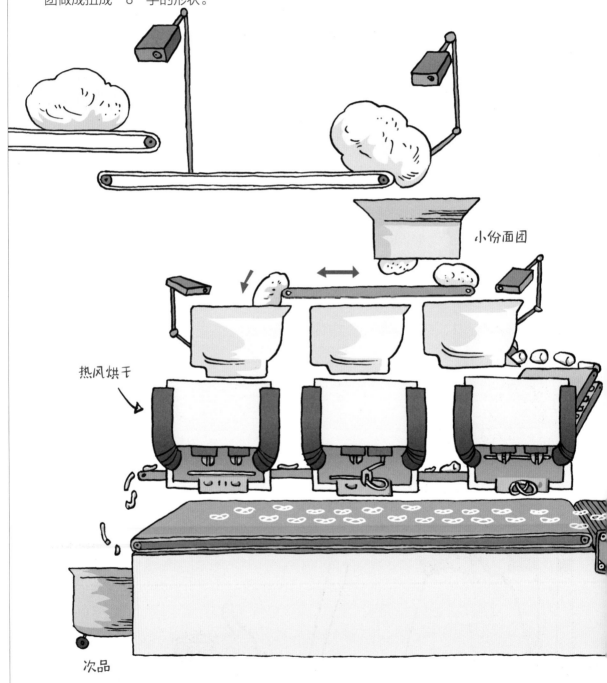

小份面团

热风烘干

次品

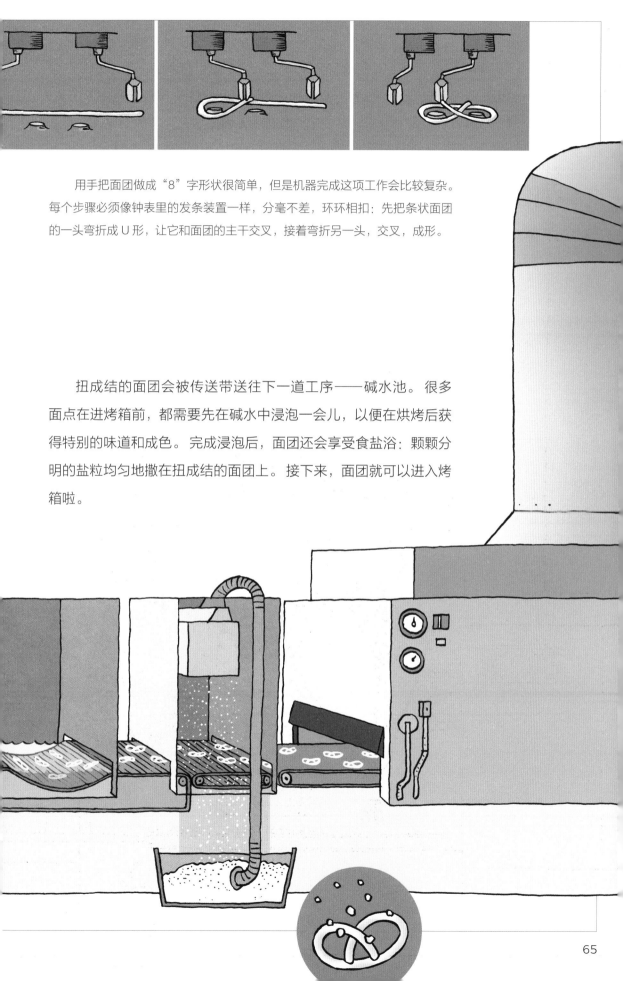

用手把面团做成"8"字形状很简单，但是机器完成这项工作会比较复杂。每个步骤必须像钟表里的发条装置一样，分毫不差，环环相扣：先把条状面团的一头弯折成 U 形，让它和面团的主干交叉，接着弯折另一头，交叉，成形。

扭成结的面团会被传送带送往下一道工序——碱水池。很多面点在进烤箱前，都需要先在碱水中浸泡一会儿，以便在烘烤后获得特别的味道和成色。完成浸泡后，面团还会享受食盐浴：颗颗分明的盐粒均匀地撒在扭成结的面团上。接下来，面团就可以进入烤箱啦。

在烤箱里，八字面包会经过三个不同的温区。最后一个温区的温度最低，可以让面包冷却下来。烤制完成的八字面包非常诱人，等待进入最终的包装环节。

亚瑟说："这几年，我们也实现了全自动包装，包装过程使用的都是机械手。这些机械手的控制系统，配备了摄像头，可以识别面包在传送带上的位置。"

整个过程就像科幻电影里演的一样：全自动机械手臂用三根机械手指，精确地把一个个面包从传送带上抓起，放入塑料包装盒。过大或过小的八字面包，会被机械手推到传送带的左侧，最终掉入次品回收站。塑料包装盒装满面包后，会沿着一条长长的输送带，来到最后一站，裹上塑料膜，塑封。之后，它会被装进纸板箱，和其他同样封好的塑料盒一起，被发往各个商店。

利维娅惊叹："哇，居然全都是自动的！"亚瑟说道："在一切都正常运转的前提下，是这样的。但实际上，整个生产过程都必须人工严格把关。任何一个环节出了问题，比如面团卡在了传送带上，或者粘在面团打结站里了，都需要有人及时解决这些问题。"

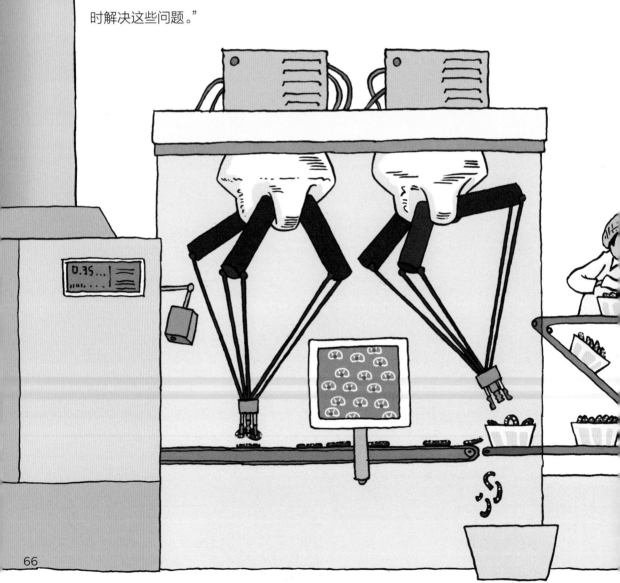

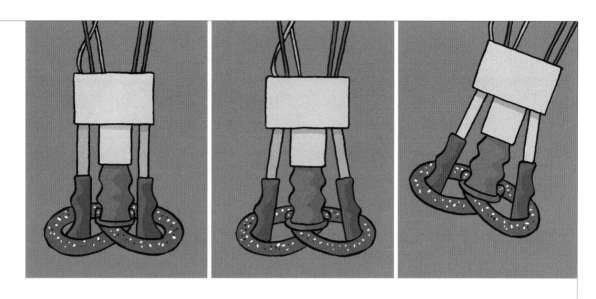

"塑料包装盒用完了，也需要工人及时补上。还有，每个包装盒是不是都装满面包了，也需要工人进行检查。另外，我们还需要烘焙专家来判断八字面包成品的品质。毕竟这些面包都是由天然的食材做成的，每一批原料会有一些细微的差别。这时候，就需要烘焙师傅用灵敏的味觉，给面包的品质把关，确保烤制而成的八字面包都外酥里嫩。"利维娅听完，说道："原来如此。我知道，由您把关的八字面包肯定个个都好吃！"话还没说完，她就把手伸进亚瑟帮她打开的面包盒里，抓出了一块酥酥脆脆的八字面包。

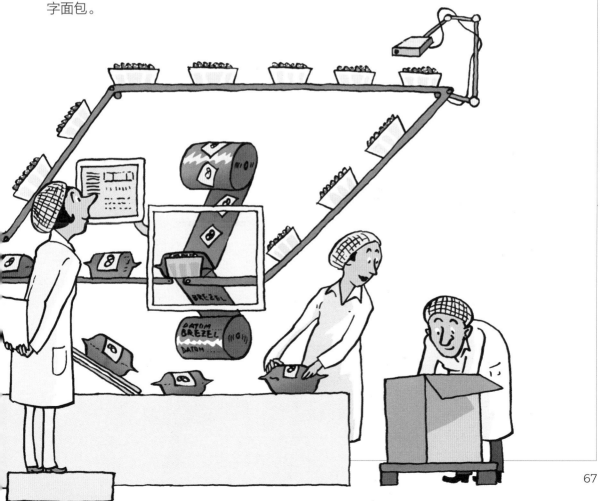

外公的助听器

利维娅很高兴能去看望外公外婆，给他们讲自己和格鲁比、乌利的探险故事。但外公的听力不好，甚至比上次见面的时候更糟糕了，几乎听不见利维娅给他讲的故事。利维娅很伤心。外婆对利维娅说："别难过，我们下周去看耳科医生，他会帮外公挑选合适的助听器。很快，我们就可以和以前一样啦。

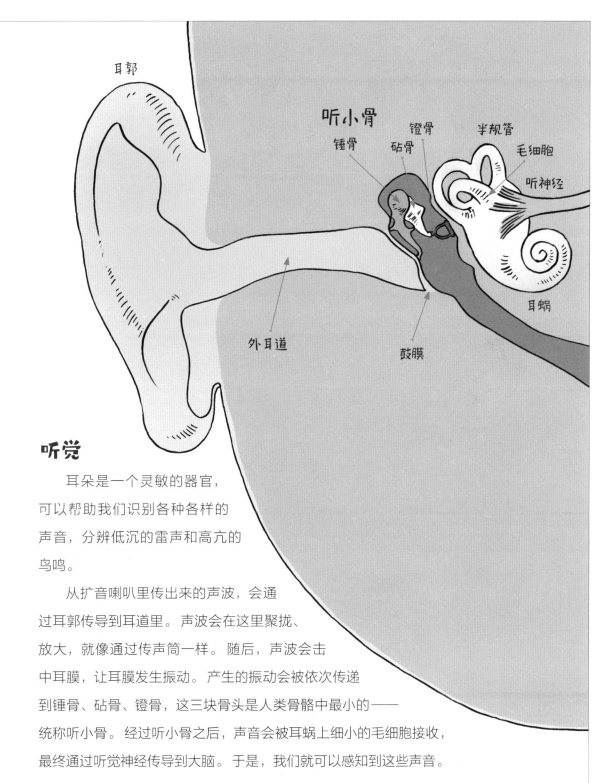

耳郭

听小骨

锤骨　砧骨　镫骨

半规管

毛细胞

听神经

外耳道

鼓膜

耳蜗

听觉

　　耳朵是一个灵敏的器官，可以帮助我们识别各种各样的声音，分辨低沉的雷声和高亢的鸟鸣。

　　从扩音喇叭里传出来的声波，会通过耳郭传导到耳道里。声波会在这里聚拢、放大，就像通过传声筒一样。随后，声波会击中耳膜，让耳膜发生振动。产生的振动会被依次传递到锤骨、砧骨、镫骨，这三块骨头是人类骨骼中最小的——统称听小骨。经过听小骨之后，声音会被耳蜗上细小的毛细胞接收，最终通过听觉神经传导到大脑。于是，我们就可以感知到这些声音。

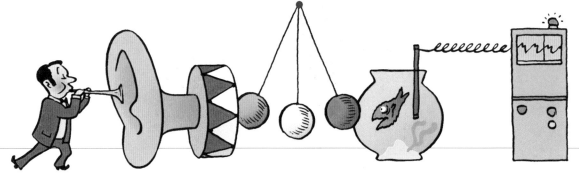

老式助听器对所有声音的放大效果都一样，它对听障人士的帮助不大。听障人士往往只是听不清某些音高，或者难以区分不同的声源。比如，当他们与人交谈时，收音机正在响，他们就会有听辨的困难。随着数字科技的发展，现在的助听器可以有针对性地放大那些使用者听不清的音高，同时过滤环境中的噪音。

科技锦囊

助听器

助听器共有三个基本组成部分：麦克风、放大器和受话器。麦克风负责接收声音，放大器负责过滤噪音、放大声音，受话器负责把声音传送到鼓膜。人们可以根据自己听不见的音高，或者根据具体的使用场景，对助听器进行相应的设置。听音乐会和看电视需要增强的音高，并不完全相同；而去餐厅就餐时，也需要根据这个新的场景，重新调整助听器的设置。

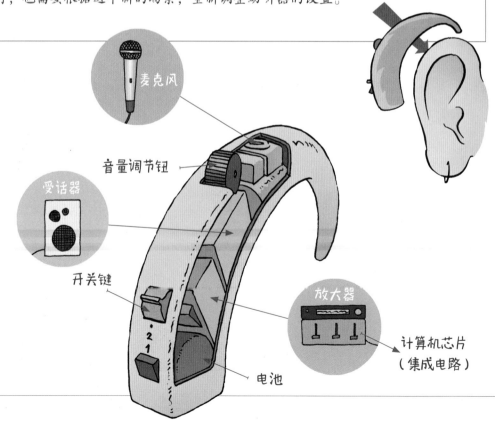

麦克风

音量调节钮

受话器

开关键

放大器

计算机芯片
（集成电路）

电池

几周后，利维娅又去外公外婆家玩儿，她迫不及待地问外公，助听器是不是管用。外公回答："有用，有用，这个助听器太棒了。我现在都能听广播了，下周我们打算去看电影，你要不要一起？"

外婆对外公说："汉斯，过来帮我晾下衣服。"外公似乎没听见，难道是助听器坏了？这时，外公一脸坏笑，偷偷跟利维娅眨了眨眼……

隐形的乘客——现代导航系统

　　格鲁比开车载着朋友们去参观科技馆。在那里，可以看到很多有趣的科技新发明。利维娅早就想去科技馆里的青少年实验室看看了，而乌利则迫切地想要让那里的巨型模型火车开动起来。

　　"200米后进入右侧车道。"突然，大家听到了一个女播报员的声音，听起来非常有礼貌。乌利惊呼："车上多了个隐形人？""不是，不是，"格鲁比回答，"这是导航软件在导航。喏，就装在我的手机里，出发前，我打开导航App，输入了目的地，所以，导航现在正在实时测算我们和终点之间的距离，告诉我要开往哪条路。当然，我们也可以打开导航地图，自己看。但是，收听导航播报更方便。"格鲁比在手机上按了几下，播报员又开始播报路线了，声音悦耳动听。

　　"我待会儿再给你们解释导航系统的工作原理，"格鲁比向小朋友们保证，"现在，我们先去科技馆，看看那儿有什么好东西。"这时，导航系统又开始播报路线了："距离终点还有300米。"过了一会儿，格鲁比和两个朋友到达了终点，他们需要寻找空闲的停车位，因为，导航系统目前还没有这个功能。

路线测算

在了解导航系统的工作原理之前，我们可以先了解一下三角测距法。这个方法非常古老，几千年来，一直被用于测量地球上各个点之间的距离。而且，这种方法不需要测量所有的距离。

"三角测距法"当然和三角形有关系了。已知三角形的一条边长和两个角的大小，我们就可以算出另外两条边的长度。

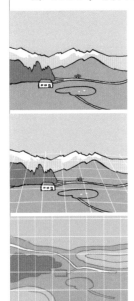

这个方法也常常用于地质测量。首先，人们会精准地测出一条直线的长度；随后，再量出这条直线的两个端点和目标点所形成的角度；最终，计算出这两个端点到目标点的距离。在这个过程中，人们需要用到一个测量角度的特殊仪器，叫经纬仪。

等到一个三角形测算完毕后，我们可以继续测算，从而在整个地表上铺设一张完整的测量网。

直到 20 世纪，这个方法都是地图测绘和道路施工时会使用的重要测量手段。大家一定都在工地附近，看见过拿着经纬仪认真工作的工程师们。

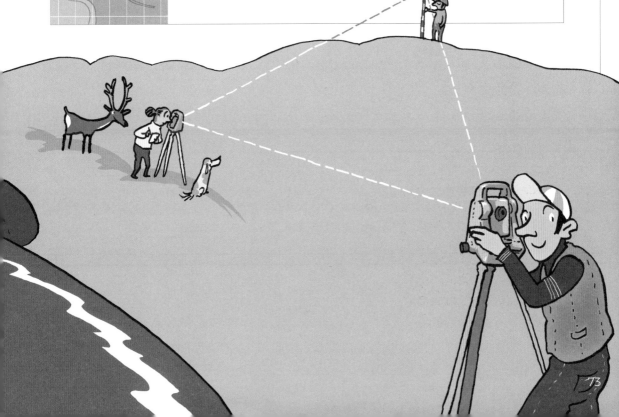

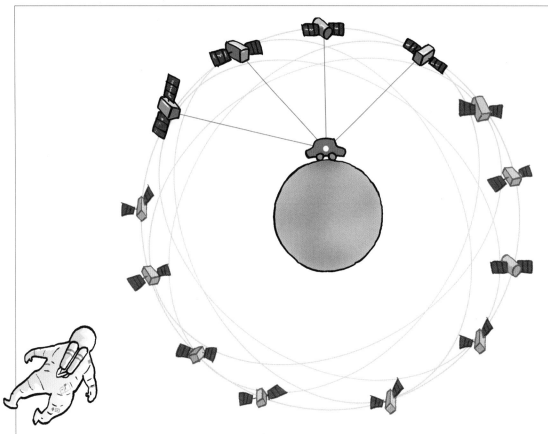

　　导航系统的工作原理也类似。不同的是，人们并不是在地球上测量，而是从轨道高度约为 2 万千米的绕地卫星上进行测量。而且，这些卫星测量的并不是角度，而是距离。因此，这项技术也叫三边测量法。想要知道地球上某个点与某颗卫星之间的距离，只需要根据信号在两点之间传播的时间进行计算即可。为了运算结果精准，需要用超级精确的时钟记录时间。信号以光速进行传播，移动速度大于每小时 10 亿千米！因此，即使测得时间的误差极小，也会导致计算得出的距离偏差巨大，就可能会错误地把上海定位到南京。当前，能够满足这种高精度需求的测量仪器只有原子钟，它是世界上最精确的时钟。

　　目前，中国的北斗导航系统在宇宙中共有 30 多颗卫星，它们和地面站点共同组成了定位系统。

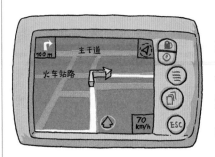

　　为了算出导航系统所在的位置，实时更新导航路线，系统需要在短时间内，反复测量导航系统和四颗不同卫星之间的距离，从而根据导航系统的移动，持续不断地测算并更新路线。如果使用导航系统的人走错了路，系统就会重新推荐一条可以通往目的地的路线。

导航技术的发展

自古以来，人们就在不断开发各种技术和工具，用来寻找从一个地点到另一个地点的道路。早在公元前 6000 年，地图就已经存在。在现代导航工具出现之前，航海家已经开始使用指南针和六分仪辨别方向。鸟类就更加幸运了，它们的大脑里就自带一个"指南针"，可以帮助它们在任何天气、任何时段，甚至在黑夜里——找到方向。

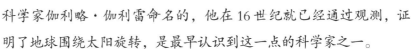

"导航"这个词最早与航海有关。许多和航空航天相关的词语也源自航海，比如航线、飞艇、宇宙飞船等。欧洲航天局的伽利略定位系统是根据意大利科学家伽利略·伽利雷命名的，他在 16 世纪就已经通过观测，证明了地球围绕太阳旋转，是最早认识到这一点的科学家之一。

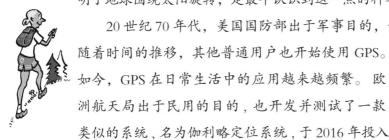

20 世纪 70 年代，美国国防部出于军事目的，开发了 GPS。随着时间的推移，其他普通用户也开始使用 GPS。如今，GPS 在日常生活中的应用越来越频繁。欧洲航天局出于民用的目的，也开发并测试了一款类似的系统，名为伽利略定位系统，于 2016 年投入运营。

GPS 是航空、海运和道路交通的导航辅助工具，其在户外的应用也越来越普遍，徒步旅行、定向越野都离不开导航。GPS 的作用不止于此：在运输爆炸物时，人们可以借助 GPS 实时掌握危险物品的位置。在测绘地图、测算道路走向时，GPS 也是不可或缺的工具。类似的例子还有很多很多。

75

人造卫星和空间探测器

其实，除了为导航系统服务的卫星，还有很多其他类别的人造卫星。它们在不同的轨道高度绕地球运行，执行各种不同的任务。有用来观测地球的卫星，有传播电视、广播信号的通信卫星，还有服务于宇宙科学研究的卫星，比如巨型的反射望远镜——哈勃天文望远镜。宇宙空间站也是人造卫星的一种，主要用途也是科学研究。

蓝鹦鹉格鲁比

通信卫星可以在地球上的两个站点之间传输信号，服务于广播、电视等领域。这意味着，信号的传播不再需要天线或电缆。其中，电视卫星是对地静止的，也就是说，从地球上看，它们总是处在天空中的同一位置，一动不动。电视信号由电视台发送到这些电视卫星上，民众就可以在家中使用圆盘式卫星天线接收信号，收看电视节目。

太阳

水星

金星

地球

木星

火箭

照相机　　　　　　空间探测器

测量仪

磁力仪

圆盘式天线

冥王星

除了卫星，太空里还有一些其他的飞行器，比如火箭、空间探测器等。1969 年，世界首批宇航员搭乘美国阿波罗 11 号火箭飞往月球。1977 年，空间探测器旅行者 2 号飞往太空，并于 1979 年经过木星，随后造访了其他太阳系内行星，最终离开了太阳系。截至目前，旅行者 2 号依旧正常运作。

天王星

海王星

通信卫星

火星

土星

间谍卫星也和探测器一样，具备拍照的功能，可以拍摄地球表面的照片。间谍卫星，顾名思义，并不是为和平而生——军队和情报部门都会用它们来执行侦察任务。

第一颗人造卫星诞生于20世纪中期，名叫斯普特尼克（Sputnik），意为同行者，由苏联开发而成。如今，太空中有800多颗卫星仍在运行。除此之外，还有大量不再运行的卫星，它们变成了太空垃圾，继续在原先的轨道上移动。所有的卫星都是由运载火箭发射升空，最终进入轨道的。火箭的发射过程需要大量能量。为此，火箭发动机通常会燃烧气体或其他化学物质，从而获得惊人的推力，到达既定的轨道高度。一旦卫星进入运行轨道，

太阳帆
（也称光帆）

磁力仪

它们的能量需求就会大大降低。而且，卫星上装有太阳能电池，能够基本满足卫星上测量仪、照相机和其他设备的能量需求。

地球观测卫星常见于气象学领域，主要用于天气预报。在电视天气预报里，就可以看到这些卫星拍摄的照片，有些可能是雷达图像，比较现代的可能是数字图像。

挡光板

配有望远镜主镜的
超大镜筒

月球是地球最古老的卫星，它甚至都是绕地球运行。

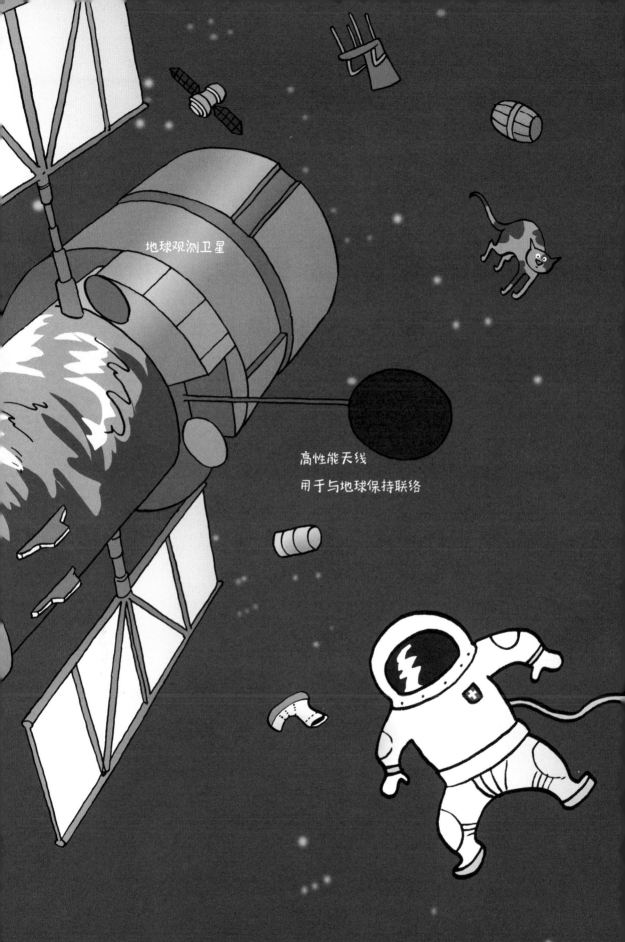

地球观测卫星

高性能天线
用于与地球保持联络

滑冰之旅的小插曲
——X射线数字化成像技术

周末，格鲁比和朋友去滑冰。他们在光滑如镜的冰面上来回穿梭，随着音乐尽情舞动，不亦乐乎。但是，滑冰也确实累人，没过多久，他们就得休息片刻，喝几口醇厚香甜的热巧克力，补充能量。

能量补充完毕，利维娅继续练习滑冰。刚练的前交叉步成功完成！"哎呀，天哪！"利维娅在尝试后交叉步的时候，不幸滑倒，重重地摔在了地上。乌利马上滑到她身边，想把她扶起来。可是，利维娅的脚踝疼得厉害，根本没法正常站立。于是，格鲁比和乌利，一人一边架着利维娅，往更衣室走去。那里的急救员马上给利维娅做了检查，说道："必须去看医生，脚踝已经有点儿肿了。要做 X 光检查，看看有没有伤到骨头。"欢乐的滑冰之旅不得不早早收场，一行三人乘坐出租车，去了医院。

一到候诊室，利维娅就开始担心："格鲁比，X 光会不会很疼？会不会很危险？"格鲁比让她放心，X 光一点儿也不疼。带利维娅去做检查的放射科医生芭芭拉说："我们医院的设备都是最新的，X 光的辐射伤害比之前小了很多。"

没过多久，芭芭拉就让利维娅从放射室出来，指着计算机屏幕上的图像，对她说："你看，这就是你脚踝的 X 光片。你运气不错，没有骨折，但有严重瘀血。看这儿，你摔倒时撞到了冰面，这儿的肌肉都肿了。过些天就会恢复的。"

用科技实现透视

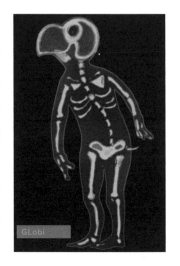

当你用手电筒照射自己的手掌时，会看到一些透过手掌的光。X 光，也叫 X 射线或伦琴射线，它的原理和手电筒照射手掌类似。不过，X 射线的穿透能力更强，可以穿过整个身体。需要注意的是，它在身体各个部位的穿透能力不同。不同的器官和骨骼在 X 光片上的亮度是不同的。因此，人们可以借助 X 射线拍出的照片，即 X 光片，清晰地看到体内的骨骼和器官，判断是否出现了骨折或其他损伤。

X 射线具有放射性，对人体有害。所以，医生会用铅毯覆盖病人的身体，确保 X 射线只照射到受伤的部位，从而保护病人的身体。如今，X 射线已实现数字化成像，检查所需的放射剂量小了很多。

与数码照片一样，X 射线数字化成像技术不再需要胶片，所以也更加环保。此前，冲洗胶片不仅需要消耗大量的水资源，还会使用有毒的化学品。

放射科的数字化仪器非常灵敏，因此所需的放射剂量更少，这对儿童尤其重要。借助图像处理程序，放射科医生可以从单个图像中读取更多信息，进一步减少了放射次数。

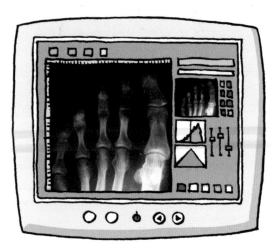

在病情危急时，X 射线数字化成像技术可以挽救生命。因为，新技术的检查流程非常迅速，而且拍摄的图片可以通过电子邮件的形式，快速发送给院内各个专业科室的医生，从而保证在最短的时间内确定病人的救治方案。

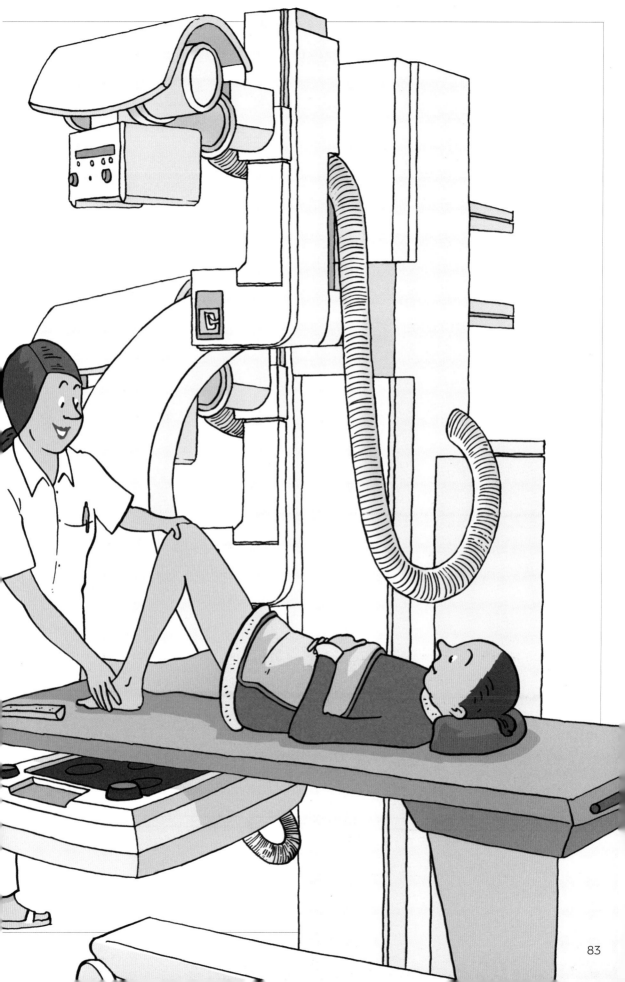

波——不只是水波的"波"

当我们把一块石头扔进水里，它的周围会产生波纹，均匀地在水面散开。

类似的波纹也存在于空气中，比如声波。声波是空气的振动，传入人的耳朵里，就会变成声音。

光也是一种波，是人眼可见的电磁波。

电磁波谱

　　电磁波谱的范围很广泛：有波长非常短的伽马射线，也有波长很长、用于传播无线电和电视信号的无线电波，还有在航空领域发挥着重要作用的雷达波，可以确定各种物体的具体位置。当然，还有微波，常见于微波炉，可以用来加热食物。

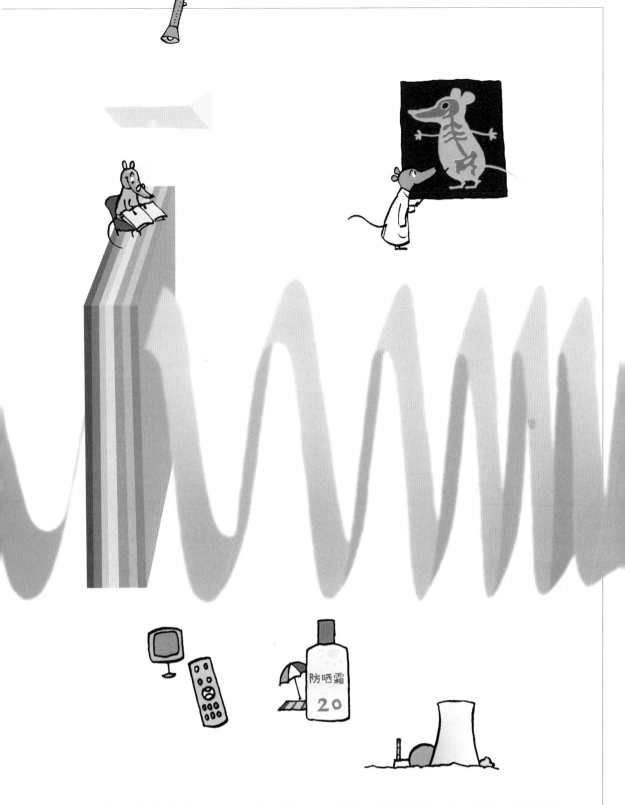

  X射线是电磁波谱里的一个特定波段，波长很短，可以穿透人体，检查内部骨骼和器官。不过，要小心！X射线和很多其他射线一样，具有放射性，过量对人体有害。

网络是个百宝箱

乌利要在班里作一次有关"蒸汽船"的课堂报告，为此，他绞尽了脑汁。他从图书馆借来许多相关的书籍和杂志，里面有一艘1900年前后在美国河流上航行的大型蒸汽轮船，他被深深地吸引住了。乌利开始幻想，要是可以坐在这么巨大的轮船上乘风破浪，那该多好啊！

幻想归幻想，课堂报告还是得好好准备。"要是有更好的图片就好了！而且，蒸汽发动机的工作原理，图书馆借来的材料里也没有！"格鲁比听了，说道："去互联网上找找呗！那里肯定有你要找的东西。"于是，他们开始浏览网页，马上就找到了一些有用的信息，还有许多特别棒的照片和图画。格鲁比告诉乌利："互联网里的网页数不胜数。要想翻遍所有网页，要花费的时间太多，于是，人类开发了搜索引擎。搜索引擎可以在短短几秒钟内，查看数百万个网页，并把搜索结果显示出来。而且，网上还有专门为儿童设计的搜索引擎。"

互联网，一个巨大的网络

在学校或公司里，如果把多台计算机联通，就可以从一台计算机上检索另一台计算机里的数据，大大提高了效率。而不同的计算机联接在一起，就形成了一个网络。

较大的网络通常需要一台中央计算机，用来管理网络里的所有数据，并为网络里的用户提供数据服务。这台中央计算机被称为服务器。

最大的计算机网络是互联网，它跨越了整个世界，联接着不计其数的计算机。当然，互联网也需要一个服务器，来管理大量数据并提供数据服务。此外，互联网的接入及各种相关服务由互联网服务供应商提供。用户在他们那里建立账户以后，就可以用这个账户浏览网站，接收和发送电子邮件，和朋友在网上聊天，并使用各种其他服务。

万维网（World Wide Web 缩写为 WWW）是有着几乎无穷无尽的信息和数据的网络。里面有海量的文字、图片和影音文件，有来自政府部门的网页，也有公司或个人的网页，在万维网上，还可以找到各种工具书、字典、公交时刻表，可以浏览报纸和杂志的官方网站。不同的网站可以通过链接相互连接。只需点击链接，用户就可以从一个网页直接跳到另一个网页，非常方便。想要进入万维网的世界，大家还需要一个浏览器（browser）。这是一个可以显示万维网内容的程序。常见的浏览器有 Internet explorer、Safari、Firefox（火狐浏览器）等。万维网没有检索目录，如需查找某个话题的相关信息，就需要搜索引擎。

电子邮件就是网络世界里的邮件。进入互联网以后，可以在各大电子邮件客户端注册电子邮箱，用来收发邮件信息。电子邮箱的地址有一个"@"符号，英文术语是"at"，意思是"在"。常见的地址格式是：用户名 @ 软件 . 国家，表示在某个国家的某个软件上的用户。

网上聊天需要特殊的聊天程序，也叫聊天软件。借助这些软件，我们可以查看好友列表，看看哪些好友处于在线状态，和他们互发消息，实现网上聊天。

注意！

互联网已经成为一个真正的平行世界。上亿人在里面活动，无穷无尽的内容和消息充斥其间，很多内容没有经过有关部门的监控和检验。因此，永远不要忘记，网上不仅有特别有趣的内容，还有一些特别愚蠢甚至不适合儿童接触的内容。小朋友们接触网络时，最好有成年人陪同，并且尽量在专门为儿童设计的网站上活动，千万不要和陌生人聊天。

网络上还有一些爱制造麻烦的黑客，他们可能会恶意潜入人们的计算机，或者用计算机病毒破坏计算机程序。除此之外，还有很多恼人的垃圾邮件，这些邮件里充斥着愚蠢、混乱、虚假的信息，夹杂着各种各样的广告。为了免受互联网带来的这些危害，最好的办法是对电子邮件、浏览器和聊天工具都进行安全设置，不从陌生网站下载内容，不打开、不回复来源不明的信息。

快问快答

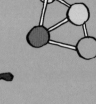

1. 下列哪种卫星不存在?

    a. 间谍卫星

    b. 电视卫星

    c. 假日卫星

2. 下列哪一项不属于计算机的硬件?

    a. 屏幕

    b. 硬盘

    c. 烤盘

3. 下列哪一项与计算机程序有关?

    a. 软件

    b. 软饼

    c. 软垫

4. 下列哪一个是计算机的计数系统?

    a. 二进制

    b. 十进制

    c. 没位置

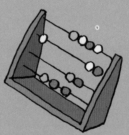

5. 一个字节等于多少个比特?

    a. 3

    b. 8

    c. 100

6. 世界上最长的铁路隧道在哪里?

    a. 在圣戈达山

    b. 在撒哈拉地区

    c. 在北极

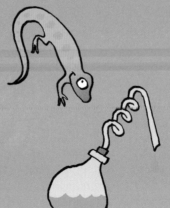

7. 哪种动物没法在铁路附近安置新家?

　　a. 蜥蜴

　　b. 野蜂

　　c. 大象

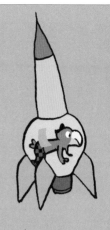

8. 目前，机器人还不能做什么?

　　a. 打扫卫生

　　b. 烘焙扭结面包

　　c. 做梦

9. 为什么在家里会有一条总线?

　　a. 可以让小朋友挂在上面，从一个房间滑到另一个房间

　　b. 可以把各种设备和中央调控系统连接起来

　　c. 可以把厨房的食品和饮料挂在上面，送到餐桌上

10. "纽扣眼儿"微创手术是什么意思?

　　a. 是一种外科手术，可以用来切除发炎的阑尾

　　b. 是一种新式缝纫技术

　　c. 是一种用纽扣来玩儿的游戏

11. 下列哪种情景中，导航系统的作用不大?

　　a. 在开车时，用来测算行驶路线

　　b. 在远足时，用来定位，寻找方向

　　c. 在互联网上冲浪时

12. 下列哪个不是电磁波?

　　a. 微波

　　b. X 射线

　　c. 妈妈在理发店里刚烫的大波浪

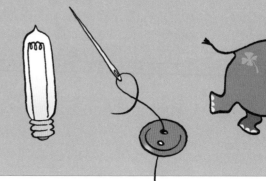

科技术语

B

白血病： 一种血液疾病，有时也被称为血癌。

比特： 计算机系统中最小的信息量单位，也叫字位，可以对应"开"或"关"、"0"或"1"之中任意一种状态，是计算机二进制系统的基础。

C

材料： 可用于修建或制造各种物体。大致可分为天然材料和人造材料两种：天然材料有木材、石头和铁块等；人造材料有塑料、纸张或玻璃等。

传感器： 是一种检测装置，能感受到需要测量的信息，并将该信息变换成所需形式的信息输出。比如，温度传感器可以感受温度，并将其转换成信号。

程序： 在计算机领域，程序就像一本说明书，一步一步地告诉计算机应该做什么。

D

导航： 本义是指寻找方向。而导航设备就是可以帮助使用者寻找方向的仪器，它可以测算出从一个地点到达另一个地点的路线。

电磁波： 比如伽马射线、无线电波等，在它们的频段之间还有很多其他类型的电磁波。许多电磁波都可以应用于科技领域。例如，无线电波可以传播无线电和电视信号，雷达波可以监测空中飞行物，X射线可以用于医学领域，等等。

电子邮件： 一项网络服务，可用来给一个或多个收件人发送信息。有一个带电子邮箱地址的独立账户，是收发电子邮件的前提。电子邮箱的地址通常都有"@"符号，一眼就可以认出，例如：ueli@globi.ch。

对地静止： 相对地球来说是静止的。对地静止的卫星从地球上观察是不会移动的。

E

二进制： 以2为基数的计数系统。这一系统中的数据，通常用两个不同的数字0和1来表示，进位规则是"逢二进一"。

F

反射望远镜： 一种观测距离超级远的特殊望远镜，常常用于天文观测。

仿生学： 研究自然界的各种现象，并将其应用于科技发明的学科。

放射性： 原子衰变时，会产生放射性辐射，这种辐射对人体有害。拍X光片时，也会有辐射，小心为上。

放射科医生： 专门从事放射影像诊断学的医生。放射影像诊断学是医学的一个分支，会和X射线以及其他射线打交道。

服务器： 在网络中连接其他计算机的计算机。互联网里的服务器为其他访问互联网的计算机提供服务。

G

伽马射线： 电磁波谱的一个特定波段。

光电管： 一种感光传感器。例如，有东西在空间内移动时，光电管就会发出信号。

感染： 病原体进入体内，使人患病，这个过程叫感染。例如流感病毒进入体内，就可能会导致人体患上流感。

GPS系统（全球定位系统）： 可以帮助人们确定自己的位置，测算出从A点到B点的路线。该系统由卫星、信号发射装置和信号接收装置组成。

光速： 指光在真空中传播的速度。光的速度快到难以想象，每秒可以移动近30万千米，每小时的移动距离超过10亿千米。更准确地说，光速高达299 792 458米/秒。

H

红外线波段： 电磁波谱的一个特定波段。

互联网服务供应商： 为客户接通互联网的公司，例如电信公司。

化疗： 即化学药物治疗，也就是使用化学药物来杀灭癌细胞达到治疗目的。通常是癌症或白血病的治疗方法。

化学： 研究自然界中物质结构和转化的学科。应用化学会涉及化学制品的生产，如油漆或药物。

互联网： 一个由计算机组成的全球网络，包括电子邮件、万维网这类服务。

J

机器人： 可以独立或通过远程控制执行各种任务的机器。

计算机： 也叫电脑，是可以加工和存储各种数据的电子设备。

结构： 构成事物整体的各个部分及其配搭、组合的方式。

经纬仪： 一种用于测量角度的仪器。此外，土木工程师还会使用全站仪，这是一种集经纬仪和电子测距仪于一身的仪器，既可以测量角度，又可以测量距离。

静脉注射： 将液体直接注入患者的静脉血管。根据病情需要，可以注射血液或其他物质。骨髓移植也是通过静脉注射完成的，在此过程中，注射的是健康骨髓细胞。

K

科幻： 科幻小说、电影的故事通常设定在未来，会提及目前不可能发生的事情，但不排除这些事情在未来不会成为现实。比如，在月球上生活、去火星度假。

空间探测器： 一种为了执行科学测量任务被送入太空的航天器。

L

雷达波： 电磁波谱的一个特定波段。

链接： 也称超级链接，是指从一个网页指向一个目标的连接关系。连接的对象可以是一段文本或一个图片、文件、电子邮件地址，甚至是应用程序。点击链接就可以迅速跳转到对应的网页。

莲叶效应： 也叫莲花效应。这种现象常见于植物。例如，荷花、郁金香的花瓣如果落上了灰尘，等到下雨天，这些灰尘就会被雨水带走。如此一来，不论是雨水还是灰尘，都不会长久地留在花瓣上。在科技领域，应用了这一特性的产品很多，比如带有疏水涂层的窗户玻璃。

浏览器： 用来浏览万维网内各种网页的程序。

六分仪： 航海时，用来确定船只位置的一种仪器。

路线： 从一个地点到另一个地点的路。

M

麻醉： 手术前，医生会用药物麻醉病人。麻醉的地方感觉不到疼痛，手术时，被麻醉的病人不会乱动。

N

纳米： 十亿分之一米。

纳米技术： 致力于研究和处理纳米级别结构体的技术。

R

热泵： 可以从周围的环境中提取热量。比如，从地下或空气中提取热量。常常用于房屋供暖。

软件： 指计算机的各种程序。

S

三角测距法： 一种测算距离的方法。此外，三边测量法也是一种测距法。

数据： 能够通过计算机加工并存储的数字、文本、图片等。

数码： 在计算机领域，可以用比特、字节表示的，就是数码。又译为"数字"或"数字化"。

数字化： 把文本或图片等内容转化为数码格式的过程。

搜索引擎： 是计算机的检索技术。是根据用户需求与一定算法，运用特定方法从互联网检索出特定信息反馈给用户的技术。

T

太阳能集热器： 可以收集太阳的热量，可用于供暖或加热家庭用水。

通信： 通常指两个或多个实体之间的交流。对话是一种交流，信件往来也是。在科技领域，通信通常被理解为数据交换。

通信卫星： 通信卫星可以把发射站的信号传递到一个或多个接收站。例如，电视卫星可以从电视台接收电视信号，随后把信号传递给许多接收站，比如带有圆盘式卫星天线的电视机。

陀螺仪： 监测飞行器的旋转状态。

W

万维网：也称 WWW 网，是储存在计算机中数量巨大的文档的集合。包含了各个网页上的信息和数据，这些内容都可以通过计算机上的浏览器查看。

外科医生：擅长通过手术治疗疾病。手术过程中，会用手术刀切开身体。常见的手术有阑尾切除术。

网络：在计算机领域，不同的计算机相互连接，形成网络。这种连接可能需要通过服务器实现。

网页：互联网上可以浏览各种内容的地方。每个网页都有自己的地址，简称网址。

望远镜：是一种用来观测遥远物体的光学仪器。

文件：也常被称为文档，可以是计算机里的一封邮件、一张图片或一首音乐，存储在计算机内存中。给它们命名后，可以方便提取。

温度调节器：用来调节房屋内温度的仪器。

微波：电磁波谱的一个特定波段。波长介于红外线和无线电波之间。

微创手术：一种创口非常小的外科手术。

微芯片：也叫集成电路，是计算机的一个重要组成部分。微芯片很小，最小的只有针头那么小，最大的也只有指尖那么大。大多数微芯片的材料是硅，这种材料在天然海沙里就有。一块微芯片上安装着上千甚至上百万个微小的电子元件，它们彼此相互连接。

卫星：是环绕一颗行星按闭合轨道做周期性运行的天体。

无线电波：是指在自由空间（包括空气和真空）中传播的一种电磁波。

X

X 射线：又叫 X 光，是电磁波谱的一个特定波段。在医学领域，X 光片用来对身体进行透视检查。

细胞抑制剂：一种用于治疗癌症和白血病的药物。

显微镜：可以把需要观察的物体放大。注意，放大镜只有一块镜片，而传统的显微镜需要上下叠加多块镜片。

像素：数码图像中最小的图片元素，可以理解为构成图片的小方格。

信号：是运载消息的工具，是消息的载体。广义的信息包含光信号、声信号和电信号等。

Y

翼尖小翼：飞机机翼尖端的小附件，指向上方，可以减小空气阻力，是对鸟类翅膀的模仿。也叫翼梢小翼、翼尖帆或翼端帆。

硬件：计算机的硬件是大家可以摸得着的，例如，键盘、显示器、硬盘。

移植：一种替换身体某个部位的手术。例如，肾脏移植手术、治疗白血病的骨髓移植手术。

Z

字节：一个字节相当于八个比特，可以用来代表 0 到 255 以内的任意阿拉伯数字、任意英文字母，以及 "*" "&" "?" 这类特殊符号。

自转：是指物体自行旋转的运动。物体会沿着一条穿越自身的"自转轴"进行旋转。地球自转是地球沿着地轴做的圆周运动。

指南针：一种可以用来确定方位的仪器。在现代，磁针被地理北极磁场吸引的那一端，通常会标为红色，所以也叫指北针。

专利：每个人都可以给自己的发明申请专利，从而保护自己的发明。有了专利，任何想使用这项专利发明的人，都必须向发明者支付一定的费用。

总线：在计算机系统中，各个部件之间传送信息的公共通路叫总线。

参考答案（p92-93 页快问快答）

1. c 2. c 3. a 4. a 5. b 6. a 7. c 8. c
9. b 10. a 11. c 12. c